浙江省高职院校"十四五"重点立项建设教材

食品微生物检验技术

SHIPIN WEISHENGWU
JIANYAN JISHU

王晓峨　李燕　主编

化学工业出版社

·北京·

内 容 简 介

本教材以职业能力培养为主线,以食品行业、食品检测机构等企业微生物检验员岗位的需求为导向,根据食品企业、食品检测机构微生物检验岗位的工作实际设计编写,共包括两大模块、8个项目、24个任务,主要内容包括微生物的常规分类与鉴定技术、微生物培养技术、微生物生长与控制技术、食品微生物实验室的质量控制、食品微生物检验样品采集和制备、食品安全细菌学检验技术、食品中常见致病菌检验技术、食品安全真菌性检验技术。内容体系上采用项目化设计,让学生通过具体任务过程来构建相关理论知识,同时训练操作技能,培养职业素养。为增加教材的直观性与可操作性,将相关知识难点及操作重点作为数字资源,以二维码的方式植入教材,学生可随时扫描进行预习或复习。

本教材可供高等职业院校食品等相关专业的学生使用,也可供相关技术人员参考。

图书在版编目(CIP)数据

食品微生物检验技术/王晓峨,李燕主编. —北京:化学工业出版社,2024.7

浙江省高职院校"十四五"重点立项建设教材

ISBN 978-7-122-36440-1

Ⅰ.①食… Ⅱ.①王… ②李… Ⅲ.①食品微生物-食品检验-高等职业教育-教材 Ⅳ.①TS207.4

中国国家版本馆CIP数据核字(2024)第076677号

责任编辑:冉海滢　　　　　　　　　　文字编辑:张熙然
责任校对:边　涛　　　　　　　　　　装帧设计:王晓宇

出版发行:化学工业出版社(北京市东城区青年湖南街13号　邮政编码100011)
印　　装:三河市双峰印刷装订有限公司
787mm×1092mm　1/16　印张9½　字数234千字　2024年6月北京第1版第1次印刷

购书咨询:010-64518888　　　　　　　售后服务:010-64518899
网　　址:http://www.cip.com.cn
凡购买本书,如有缺损质量问题,本社销售中心负责调换。

定　价:49.80元　　　　　　　　　　　　　　　　　　　　版权所有　违者必究

编写人员名单

主　　编：王晓峨　李　燕
副 主 编：李春美　董夏梦　胡胜群　朱　宇
编写人员：（按姓名汉语拼音排序）

陈　波　浙江一鸣食品股份有限公司
董夏梦　温州科技职业学院
胡　琼　杭州万向职业技术学院
胡胜群　温州市食品研究所
蓝丽精　泰顺县产品质量与食品安全检验检测中心
李春美　浙江华才检测技术有限公司
李彦坡　温州科技职业学院
李　燕　温州科技职业学院
申芳嫡　宁波职业技术学院
王晓峨　温州科技职业学院
徐海菊　台州科技职业学院
杨飞萍　温州市农产品检验检测中心
杨乾敏　宁波希诺赛生物科技有限公司
朱　宇　温州科技职业学院

前言

本教材是食品类专业食品微生物检验课程配套教材，以职业能力培养为主线，对接"1+X"食品检验管理职业技能等级证书和农产品食品检验员职业资格证，是一部"项目引领、任务驱动"校企双元模式的融媒体教材，实现"岗课证融通、教学做同步"。教材以食品微生物检验岗位需求为导向，以真实检测任务为载体，参照最新食品安全国家标准，按检测工作环节或流程进行编写，提炼8大工作项目和24个典型工作任务，突出产教融合、校企合作。教材融入产业发展新技术、新标准、新规范，力求适应产业升级和行业需求；体现了党的二十大的"推进健康中国建设""树立大食物观"精神，融入科学精神、求真务实和规范严谨的工匠精神、实验室操作的安全意识等课程思政元素，力求提升思政育人实效；突出实训教学和技能培养为主导的特点，力求做到精简、精练、必需、够用、实用和可操作。

本教材系统阐述食品微生物检验岗位需要具备的理论知识、操作技能与职业素养，主要内容包括：微生物的常规分类与鉴定技术、微生物培养技术、微生物生长与控制技术、食品微生物实验室的质量控制、食品微生物检验样品采集和制备、食品安全细菌学检验技术、食品中常见致病菌检验技术、食品安全真菌性检验技术。教材采用融媒体形式，配有丰富的视频、微课等数字化资源，形象讲解重点、难点和操作关键点，增加教材的直观性与可操作性。教材配套有课件、习题库和在线测试等教学资源，线上线下混合式的教材设计有利于提升学生学习的主动性和积极性。

本教材由浙江省内多所高校专业教师和行业企业技术人员结合近年来教学研究和课程改革的经验和成果等进行编写。温州科技职业学院王晓峨、李燕担任主编，浙江华才检测技术有限公司李春美、温州科技职业学院董夏梦、温州市食品研究所胡胜群、温州科技职业学院朱宇担任副主编，此外，还有多位来自高校、企业和检测机构的专业人员参与了本教材的编写工作。

本教材基本理论精练，操作步骤条理清晰，可作为高职高专食品类相关专业教材，也可作为食品检验技术人员的参考资料。鉴于编者的水平和时间有限，书中难免有不妥之处，敬请各位同行和读者提出宝贵意见，以使教材得到充实和完善。

王晓峨
2023年11月

目 录

模块一 食品微生物检验基本技能训练 /001

项目一 微生物的常规分类与鉴定技术 /001

    任务一 普通光学显微镜操作技术 /002
    任务二 酵母菌、霉菌的观察 /009
    任务三 细菌涂片制作及细胞形态观察 /013
    任务四 细菌革兰氏染色技术 /018

项目二 微生物培养技术 /022

    任务一 玻璃器皿包扎技术 /023
    任务二 培养基配制技术 /026
    任务三 微生物的分离纯化技术 /032

项目三 微生物生长与控制技术 /036

    任务一 显微镜直接计数 /037
    任务二 环境因素对微生物生长的影响 /045

模块二 食品微生物检验技术 /054

项目四 食品微生物实验室的质量控制 /054

    任务一 食品微生物实验室的设计 /055
    任务二 常用仪器设备的使用与维护 /061
    任务三 洁净区空气洁净程度测定 /067
    任务四 操作人员手的卫生状况测定 /071

项目五 食品微生物检验样品采集和制备 /075

    任务一 食品样品的采集与处理 /076
    任务二 食品微生物检验样品的制备 /080

项目六　食品安全细菌学检验技术　　　　　　　　　　　　　　/086

任务一　猪肉中菌落总数测定　　　　　　　　　　　　　　/087
任务二　水产品中大肠菌群计数　　　　　　　　　　　　　　/093
  子任务一　海产鱼类大肠菌群平板计数　　　　　　　　　　/093
  子任务二　贝壳类水产品中大肠菌群 MPN 计数　　　　　　　/097
任务三　水果罐头商业无菌检验　　　　　　　　　　　　　　/103
任务四　酸乳中乳酸菌检验　　　　　　　　　　　　　　　　/108

项目七　食品中常见致病菌检验技术　　　　　　　　　　　　　/114

任务一　乳制品中金黄色葡萄球菌检验　　　　　　　　　　　/115
  子任务一　调制乳中金黄色葡萄球菌定性检验　　　　　　　/115
  子任务二　乳粉中金黄色葡萄球菌 Baird-Parker 平板计数法　/120
任务二　果蔬制品中沙门氏菌检验　　　　　　　　　　　　　/125
任务三　水产品中副溶血性弧菌检验　　　　　　　　　　　　/131

项目八　食品安全真菌性检验技术　　　　　　　　　　　　　　/137

任务一　糕点中霉菌和酵母计数　　　　　　　　　　　　　　/138
任务二　大米中产毒霉菌黄曲霉的形态学鉴定　　　　　　　　/142

参考文献　　　　　　　　　　　　　　　　　　　　　　　　　/146

模块一

食品微生物检验基本技能训练

项目一

微生物的常规分类与鉴定技术

> **项目导入**

微生物是形体微小、单细胞或个体结构较为简单的多细胞,或无细胞结构的低等生物。微生物根据形态结构、分化程度及化学组成的不同可分为三大类:原核细胞型微生物、真核细胞型微生物和非细胞型微生物。这些微生物个体测量的级别为微米和纳米级,远远低于肉眼的观察极限,需要借助显微技术才能看清它们个体的大小、形态及内部结构。

随着现代科技的进步,显微镜也有了不断的发展和改进。根据作用和适用范围的不同,显微镜分为很多种,有普通光学显微镜、荧光显微镜、电子显微镜等。在微生物的形态观察、常规分类及鉴定技术中,普通的光学显微镜最常用,在食品安全质量检测中非常重要。

> **学习目标**

素质目标　　具备科学思维和科学探究意识,培养爱护实验仪器、规范严谨、精益求精的工匠精神和良好的实验习惯。

知识目标　　了解普通光学显微镜的构造,掌握微生物的特性及食品中常见微生物的细胞形态特征。

能力目标　　能够正确使用普通光学显微镜观察微生物的形态,能熟练进行细菌染色,得到正确的染色结果。

任务一　普通光学显微镜操作技术

任务目标

1. 学会普通光学显微镜的使用与维护。
2. 能够正确使用普通光学显微镜观察微生物的形态。

任务实施

一、设备与材料准备

1. 设备

普通光学显微镜。

2. 材料

香柏油、二甲苯、擦镜纸。

3. 玻片标本

有隔菌丝、无隔菌丝、酵母菌、曲霉、大肠埃希菌。

二、操作步骤

1. 取镜

从显微镜箱中取出显微镜时，右手拿镜臂，左手托镜座，直立移动，轻放在平稳的桌面上，检查各部位零件是否齐全，镜头是否清洁。

2. 调节光照

正确的照明操作是获得良好检查效果的前提。插上电源，打开开关，将低倍物镜转入光孔，将聚光器上的虹彩光圈打开到最大位置，调节光线强弱，直至高度合适。

3. 低倍镜观察

低倍镜视野面广，焦点深度较深，易于发现目标确定观察位置，故以先用低倍镜观察为宜。将标本片（涂面朝上）置于载物台的标本夹上，并将标本部位处于物镜的正下方，转动粗调节器，使物镜调至接近标本处，用目镜观察视野，并转动粗调节器使载物台缓慢地升高（或下降），至视野内出现物像后，改用细调节器，上下微微转动，仔细调节焦距和照明，直至视野内获得清晰的物像，选择适宜部位，移到视野中心，再换高倍镜观察。

4. 高倍镜观察

在低倍物镜观察的基础上转换高倍物镜。较好的显微镜的低倍镜头和高倍镜头是同焦的，在正常情况下，高倍物镜的转换不会碰到载玻片或其上的盖玻片。若使用不同型号的物镜，在转换物镜时要从侧面观察，避免镜头与玻片相撞。然后从目镜观察，调节光照，使亮度适宜，缓慢调节细调节器调至物像清晰为止，找到需观察的部位，并移至视野中央进行观察。

5. 油镜观察

油浸物镜的工作距离（指物镜前透镜的表面到被检物体之间的距离）很短，一般在0.2mm以内，使用时要特别细心，避免由于"调焦"不慎而压碎标本片并使物镜受损。

观察时将聚光镜提升至最高点，转动转换器，移开高倍镜，使高倍镜和油镜呈"八"字形，在标本中央滴一小滴香柏油，使油镜镜头浸入香柏油中，微微转动细调节器，可见清晰物像，如果油镜上升已离开油面还未看清物像，需重新调节。此时可从侧面注视，用粗调节器将载物台小心地上升，使油镜浸在香柏油中，其镜头几乎与标本相接。应特别注意镜头不能压在标本上，更不能用力过猛，否则不仅压碎玻片，也会损坏镜头。用左手向上转动粗调节器，当视野中有模糊的标本物像时，改用细调节器，直到看清物象为止。

6. 用后复原

观察完毕，下降载物台，将油镜头转出，先用擦镜纸擦去镜头上的油，然后再用擦镜纸蘸取少许二甲苯擦去镜头上的残留油迹，最后再用擦镜纸擦去残留的二甲苯（注意向一个方向擦拭2～3下即可）。将载物台下降至最低，将低倍物镜对准目镜，降下聚光器，用细软布清洁机械部位，然后放回显微镜柜中。

7. 显微镜保养和使用中的注意事项

① 不准擅自拆卸显微镜的任何部件，以免损坏。
② 镜面只能用擦镜纸擦，不能用手指或粗布，以保证镜面的光洁度。
③ 观察标本时，必须依次用低倍镜、高倍镜，最后用油镜。当目视接近目镜时，特别在使用油镜时，切不可用粗调节器向下旋，以免物镜碰到玻片损伤镜面或压碎玻片。
④ 拿显微镜时，一定要右手拿镜臂，左手托镜座，不可单手拿，更不可倾斜拿动。
⑤ 显微镜应存放在阴凉干燥处，以免镜片滋生霉菌而腐蚀镜片。
⑥ 显微镜常见问题及解决方法，见表1-1。

表1-1 显微镜常见问题及解决方法

常见问题	解决方法
没有光线透过目镜	检查显微镜电线插入的插座是否有电
	确保观察物在指定位置
	确保可变光圈已经打开
透过目镜的光线不足	将光圈完全打开
	确保观察物固定在指定位置
视野范围内有杂物（线、粉尘、眼睫毛等）	用擦镜清洁剂清洁目镜
视野中见颗粒游动且视野模糊	多加油或确保相应的物镜完全浸没在油中
	若使用非油浸高倍物镜，确保其未使用油
	确保盖玻片上没有油。油会使盖玻片与其粘连而从载玻片上脱离，从而导致视野模糊或看不见

8. 维护方法

① 机械系统中旋转部位定期涂抹中性润滑油脂，油漆和塑料表面应用软布清洁。

② 镜头2个月集中保养，用擦镜纸、棉花棒等柔软工具蘸取二甲苯或乙醚乙醇混合液清洗。

任务拓展

1. 为什么在使用高倍镜及油镜之前要先用低倍镜进行观察？
2. 使用油镜时加香柏油的作用是什么？
3. 根据操作体会，谈谈应如何根据所观察微生物的大小选择不同的物镜进行有效的观察。

笔记

实训报告

操作记录
实训名称： 班级：　　　　　　姓名：　　　　　　学号：
操作步骤及反思：
绘制微生物玻片标本观察结果：
操作人：

知识链接

一、微生物的特性

1. 体积小、面积大

微生物的个体极其微小，绝大多数用肉眼是看不到的，必须借助光学显微镜或电子显微镜才能观察到，要测量它们需要用微米（μm）或纳米（nm）作单位。物体的体积越小，其比表面积（单位体积的表面积）就越大。以大肠埃希菌为例，其比表面积约为人体的30万倍。如此巨大的比表面积与环境接触，成为巨大的营养物质吸收面、代谢废物排泄面和环境信息交换面，因而使微生物具有惊人的代谢活性，并由此产生其余4个共性特点。

2. 吸收多、转化快

从单位质量来看，微生物的代谢强度比高等生物大几千到几万倍。如在适宜环境下，大肠埃希菌在1h内消耗的糖类相当于其自身质量的1000～10000倍；产朊假丝酵母合成蛋白质的能力比大豆强100倍，比牛（公牛）强10万倍。微生物的这个特性为它们的高速生长繁殖和产生大量代谢产物提供了充分的物质基础，从而使微生物在自然界和人类实践中有可能更好地发挥"活的化工厂"的作用。

3. 生长旺、繁殖快

微生物繁殖速度快、易培养，是其他生物无法比拟的。如大肠埃希菌在合适的条件下繁殖一代只需20min，按此计算，48h可繁殖144代，其后代数可达$2.2×10^{43}$个。但事实上，由于营养、空间、代谢产物等条件的限制，微生物的指数分裂速度只能维持数小时而已，因而在液体培养中，细菌细胞的浓度一般仅能达到每毫升10^8～10^9个。

微生物的这一特性在发酵工业上具有重要的实践意义，主要体现在它的生产效率高、发酵周期短上。而且大多数微生物都能在常温常压下，利用简单的营养物质生长，并在生长过程中积累代谢产物，不受季节限制，可因地制宜、就地取材，这就为开发微生物资源提供了有利的条件。另外，微生物繁殖速度快的生物学特性对生物学基本理论的研究而言，具有极大的优越性，它使科学研究周期大大缩短、经费减少、效率提高。当然对于有害微生物来说，这个特性就会给人类带来极大的麻烦甚至严重的危害，需要严肃对待。

4. 适应性强、易变异

微生物对外界环境适应能力特别强，如对高温、高压、高盐、高酸、高碱、高辐射、高毒等恶劣的"极端环境"都具有惊人的适应力。另一方面，微生物在环境变化不适宜其生长时，很多个体会死亡，但少数个体会发生变异而存活下来，并可在短时间内产生大量变异后代。人们利用微生物易变异的特点进行菌种选育，可以在短时间内获得优良菌种，提高产品质量。这在工业上已有许多成功的例子。但若保存不当，菌种的优良特性易发生退化，这种易变异的特点又是微生物应用中不可忽视的弊端。

5. 种类多、分布广

微生物在自然界是一个十分庞杂的生物类群。迄今为止，有记载的微生物约20万种，现在每年发现新种的趋势仍在不断增加。它们具有各种不同的生活习性和代谢类型，能分解利用不同的有机物质，能合成积累不同的代谢产物。自然界的物质循环是由各种微生物参与才得以完成的。微生物在自然界的分布极为广泛，除了火山喷发中心区和人为的无菌环境外，土壤、水域、空气以及动植物、人体，几乎到处都有微生物的存在。微生物分布广泛程度可以说是无处不在。

从微生物种类多、分布广这一特性可以看出，微生物的资源是极其丰富的。微生物生态学家较为一致地认为，目前人类至多开发利用了已发现微生物种类的 1%。因此，在生产实践和生物学基本理论问题的研究中，微生物的利用前景是十分广阔的。

二、微生物的分类与命名

除病毒以外，微生物和其他生物分类一样，分为界、门、纲、目、科、属、种 7 个基本的等级。在分类中，若这些分类单元的等级不足以反映某些分类单元之间的差异时还可以增加亚等级。例如：酿酒酵母在分类系统中属于真菌门子囊菌纲原子囊菌亚纲内孢霉目内孢霉科酵母亚科酵母属酿酒酵母种。种是最基本的分类单位，它是一大群表型特征高度相似、亲缘关系极其接近、与同属内其他种有着明显差异的菌株的总称。菌株是微生物研究和应用中最基本的操作实体。从自然界分离得到的任何一种微生物的纯培养物都可以称为微生物的一个菌株。菌株的表示方法是在种名后面加编号、字母或其他符号以示区别。

微生物的命名和高等生物一样，常采用林奈（Linnaeus）氏的"双名法"，即学名由拉丁文或拉丁化的其他文字组成。第一个字是属名，首字母大写，都是名词，以表示该属的主要特征；第二个字是种名，首字母小写，往往用形容词，表示微生物的颜色、形状、用途等次要特征。有时在种名后还有附加部分，用来表示变种、菌株、命名人的姓及时间等。例如：大肠埃希菌学名为：*Escherichia coli* (Migula) Castellani et Chalmers 1919，其中 *Escherichia*（埃希菌属）是属名，*coli*（大肠菌的）是种名，Migula 是首次定名人，现在的名字是由 Castellani 和 Chalmers 于 1919 年命名的。

三、普通光学显微镜

1. 显微镜的构造

普通光学显微镜是通过两种透镜系统放大图像的一种设备。放大作用主要由物镜和目镜配合产生。物镜位于显微镜的旋转基座上，一般至少有 3 个物镜，通过旋转基座的转换器旋转使用不同的物镜与目镜配合，实现最终的放大。普通光学显微镜如图 1-1 所示。

普通光学显微镜可分为两大部分：光学部分和机械部分。光学部分通常是由接目镜、接物镜和照明装置（聚光器、光圈等）组成的，它将待检视物放大，形成物象，是显微镜的重要组成部分。机械部分由底座镜臂、镜筒、物镜转换器、载物台、载物台移动器、粗调节器、细调节器等部件组成，它起着支持、调节、固定等作用。

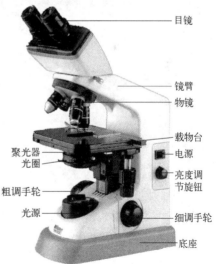

图 1-1 显微镜的外观图

物镜分为低倍镜、高倍镜和油镜。低倍镜常为 4× 和 10×；高倍镜为 40×；油镜为 100×。随着放大倍数增加，镜头与物体尖端的距离越来越小，进而物镜的光线也越来越小。这就是使用不同物镜来观察样本时，需要调节聚光器和可变光圈的原因之一。

2. 显微镜的放大倍数

显微镜放大物体，首先经过物镜第一次放大造像，再经过目镜在明视距离内第二次放大造像。因此，显微镜的放大倍数等于接物镜放大倍数和接目镜放大倍数的乘积，即：显微镜放大倍数=接物镜放大倍数×接目镜放大倍数。

任务二　酵母菌、霉菌的观察

任务目标

1. 能够正确制片观察酵母菌细胞形态和出芽方式。
2. 能够正确制片观察曲霉、青霉等霉菌的菌丝及孢子形态。

任务实施

一、设备与材料准备

1. 设备

普通光学显微镜。

2. 材料

载玻片、盖玻片、培养皿、酒精灯、接种环、吸水纸、美蓝染色液、乳酸-苯酚溶液等。

3. 菌种

酵母菌、毛霉、黑根霉、曲霉、青霉等。

二、操作步骤

1. 水浸片法观察酵母菌

① 取洁净载玻片，在其中央加美蓝染色液1滴。注意染液不宜过多或过少，否则，在盖上盖玻片时，菌液会溢出或出现大量的气泡而影响观察。

② 在无菌操作下，用接种环取培养2~3d的酵母菌少许，置于美蓝染色液中充分混匀。

③ 取一块盖玻片，先将盖玻片的一边与染液接触，再将盖玻片慢慢放下，并将多余染液用吸水纸吸干。注意盖盖玻片时应倾斜慢慢放下，不宜平着放下，以免产生气泡影响观察。

④ 染色3min后，先用低倍镜观察，再用高倍镜观察。注意酵母菌形状和出芽方式。

2. 霉菌细胞形态观察

① 取洁净载玻片，在其中央加一小滴乳酸-苯酚溶液。

② 用接种针从霉菌菌落边缘挑取少量已产孢子的霉菌菌丝，置于载玻片上的溶液中。注意尽量挑取菌落边缘的培养物，因为其菌龄最年轻。

③ 用接种针小心地将菌丝分散开，盖上盖玻片，注意勿压入气泡，以免影响观察。

④ 置低倍镜下观察，必要时换高倍镜观察。观察菌丝、孢子形态。

任务拓展

1. 酵母菌、霉菌容易在怎样的环境中生存？
2. 霉菌的有性孢子和无性孢子有哪些常见类型？
3. 在显微镜下如何区分酵母菌和霉菌？

实训报告

操作记录
实训名称： 班级：　　　　　　　　姓名：　　　　　　　　学号：
临时玻片制作步骤及反思：
绘制酵母菌、霉菌的显微观察结果：
操作人：

知识链接

一、酵母菌

酵母菌与人类的关系极为密切,主要分布在含糖量较高的偏酸性环境中,大多为腐生型,少数为寄生型。它是人类应用比较早的微生物,千百年来,人类的生活几乎离不开酵母菌,例如酿酒、制作面包、生产乙醇、饲用、药用等。但是,某些酵母菌也是发酵工业的有害菌,例如,分解酒精的酵母可引起酒类饮料的败坏,耐渗透压酵母可引起果酱、蜜饯和蜂蜜的变质,甚至某些酵母菌还可引发人或动物疾病。

1. 酵母菌的形态结构与功能

酵母菌的个体形态主要有球形、椭圆形、卵圆形、柠檬形或假菌丝状。

酵母菌是不运动的单细胞微生物,属真核生物,具有典型的细胞结构,包括细胞壁、细胞膜、细胞质、细胞器、细胞核以及内含物等。

2. 酵母菌的繁殖方式

酵母菌可进行无性繁殖和有性繁殖,以无性繁殖为主。无性繁殖主要包括芽殖、裂殖和产生无性孢子繁殖。

芽殖是酵母菌最常见的一种繁殖方式。成熟的酵母细胞表面先向外突出形成一个小芽体,随后细胞核分裂成两个核,一个留在母细胞,一个随着部分细胞质进入芽体。当芽体长到一定程度时,在芽体和母细胞之间形成横隔壁,最后子细胞基部收缩,脱离母细胞成为独立的新个体。一个成熟的酵母菌细胞一生中可通过芽殖产生 9~43 个子细胞,平均可产生 24 个子细胞。

3. 酵母菌的菌落特征

酵母菌的菌落特征与细菌相似,一般都具有湿润、较光滑、有一定的透明度、容易挑起、菌落质地均匀以及正反面、边缘、中央部位的颜色都很均一等特点。但由于酵母的细胞比细菌的大,所以会产生较大、较厚、外观较稠和较不透明的菌落,酵母菌菌落的颜色比较单调,多数都呈乳白色,少数为红色,个别为黑色。酵母菌的菌落一般还会散发出一股悦人的酒香味。

二、丝状真菌——霉菌

霉菌是丝状真菌的俗称,通常指那些菌丝体较发达又不产生大型肉质子实体结构的真菌。霉菌在自然界中分布极为广泛,是被人类利用较早的微生物。食品工业利用霉菌酿酒、制酱、制曲;发酵工业用霉菌生产乙醇、有机酸;医药工业利用霉菌生产抗生素、酶制剂、维生素等;农业上利用霉菌发酵饲料、生产农药等。但是霉菌也给人类带来了极大的困扰,霉菌可引起食品、工业原料、农副产品、仪器、设备等物品的发霉或变质,也能引起很多农作物病害及人和动物的病变,有些霉菌还产生毒性大、致癌性强的真菌毒素,使人、畜中毒,严重者可引起癌症。

1. 霉菌的形态结构

霉菌菌体的基本单位是菌丝,许多菌丝交织在一起,称为菌丝体。菌丝直径 2~10μm,是细菌直径的几倍到几十倍,与酵母菌差不多。根据菌丝有无隔膜可分成无隔膜菌丝和有隔膜菌丝两类。无隔膜菌丝是长管状的单细胞，细胞内含多个核；有隔膜菌丝是由隔膜分隔成许多细胞，细胞内含有 1 个或多个细胞核。

2. 霉菌的繁殖方式

霉菌的繁殖能力极强，繁殖方式复杂多样，除了菌丝碎片可以生长成新个体外，主要是通过形成各种无性孢子和有性孢子进行繁殖，即无性繁殖和有性繁殖。

（1）无性繁殖　无性孢子繁殖不经两性细胞的结合，只是营养细胞的分裂或营养菌丝的分化形成同种新个体。产生无性孢子是霉菌进行无性繁殖的主要方式，这些孢子主要有孢囊孢子、分生孢子、节孢子、厚垣孢子和芽孢子。

（2）有性繁殖　经过两性细胞结合而形成的孢子称为有性孢子。有性孢子的产生不如无性繁殖普遍，只在一些特殊的条件下产生。常见的有卵孢子、接合孢子、子囊孢子和担孢子。

3. 霉菌的菌落特征

霉菌的菌落与细菌和酵母菌不同，其形态较大，质地疏松，外观干燥，不透明，常呈现绒毛状、絮状或蜘蛛网状。菌落与培养基间的连接紧密，不易挑取。由于不同的霉菌孢子含有不同的色素，所以菌落可呈现红、黄、绿、青绿、青灰、黑、白等多种颜色。由于菌落中心的气生菌丝的生理年龄大于菌落边缘的气生菌丝，所以菌落边缘与中心的颜色常不一致。

任务三　细菌涂片制作及细胞形态观察

 任务目标

1. 能够正确进行细菌涂片制作及细胞形态观察。
2. 学会观察金黄色葡萄球菌和大肠埃希菌的细胞形态和排列方式。

 任务实施

一、设备与材料准备

1. 设备

普通光学显微镜。

2. 材料

载玻片、擦镜纸、香柏油、二甲苯、吸水纸、洗瓶、接种环、酒精灯、蒸馏水、草酸铵结晶紫染色液、美蓝染色液等。

3. 菌种

大肠埃希菌、金黄色葡萄球菌。

二、操作步骤

1. 涂片

取干净的载玻片于实验台上，在载玻片的中央滴一滴无菌蒸馏水，通过无菌操作技术，从斜面挑取少量菌种（大肠埃希菌或金黄色葡萄球菌）与玻片上的水滴混匀后，在载玻片上涂布成一均匀的薄层，涂布面不宜过大。

2. 干燥

在室温下使其自然干燥，为了使之干得更快些，可将标本面向上，手持载玻片一端的两侧，小心地在酒精灯上高处（距离外焰20cm）微微加热，使水分蒸发，但切勿紧靠火焰或加热时间过长，以防标本烤枯而变形。

3. 固定

利用高温固定，手持载玻片的一端，标本向上，在酒精灯火焰外层尽快地来回钟摆式通过2～3次，共2～3s，放置待冷后，以载玻片背面触及皮肤，不觉过烫为宜（不超过60℃），进行染色。

4. 染色

在涂片薄膜上滴加染色液（草酸铵结晶紫或美蓝任选一种）一滴，使染色液覆盖涂片，染色约1min。

5. 水洗

斜置载玻片，用装有蒸馏水的洗瓶挤小股水流冲洗，水流冲洗位置应为涂片上方，直至洗下的水呈无色为止。

6. 干燥

用吸水纸吸去涂片边缘的水珠,置于室温下自然干燥。用吸水纸时勿将菌体擦掉。

7. 镜检

用显微镜观察,并用铅笔绘出细菌形态图。

 任务拓展

1. 细菌的主要形态有哪些?
2. 简述细菌涂片制作的注意事项。
3. 如果涂片未经加热固定将会出现什么问题?

笔记

实训报告

操作记录
实训名称： 班级：　　　　　　　姓名：　　　　　　　学号：
涂片制作步骤及反思：
绘制金黄色葡萄球菌和大肠埃希菌的显微观察结果：
操作人：

> 知识链接

细菌是一类个体微小、形态结构简单的单细胞原核微生物。在自然界中，细菌分布最广、数量最多。一方面，因为细菌的营养和代谢类型极为多样，所以它们在自然界的物质循环中，在食品和发酵工业、医药工业、农业以及环境保护等方面均发挥着极为重要的作用。如用醋酸杆菌酿造食醋，用乳酸菌发酵生产酸奶，用棒杆菌和短杆菌等发酵生产味精和赖氨酸，将苏云金杆菌作为生物杀虫剂等。另一方面，不少细菌又是人类和动植物的病原菌，有的致病菌产生的毒素会引起人类患病，如肉毒梭状芽孢杆菌，在灭菌不彻底的罐头中厌氧生长产生剧毒的肉毒毒素。

一、细菌的形态

细菌个体有三种基本形态：球状、杆状、螺旋状，分别称为球菌、杆菌、螺旋菌。其中以杆菌最为常见，球菌次之，螺旋菌较少。

① 球菌是一类菌体呈球形或近似球形的细菌，按分裂后细胞的排列方式不同，又可分为单球菌、双球菌、链球菌、四联球菌、八叠球菌和葡萄球菌6种不同的类型。

② 杆菌细胞呈杆状或圆柱状。各种杆菌的长短、大小、粗细、弯曲程度差异较大，有长杆菌和短杆菌。杆菌在培养条件下，有的单个存在，如大肠埃希菌；有的呈链状排列，如枯草芽孢杆菌；有的呈栅状排列或"V"形排列，如棒状杆菌。

③ 螺旋菌菌体呈弯曲状，根据其弯曲程度不同可分成弧菌与螺菌两种类型。

a. 弧菌。菌体仅一个弯曲，形态呈弧形或逗号形，如霍乱弧菌。

b. 螺菌。菌体有多个弯曲，回转呈螺旋状，如小螺菌。

二、细菌的细胞结构

细菌细胞结构包括基本结构和特殊结构。基本结构是各种细菌都具有的结构，包括细胞壁、细胞膜、细胞质和内含物、核区或拟核；特殊结构是部分细菌所特有的结构，包括芽孢、荚膜、鞭毛、纤毛等。

1. 芽孢

芽孢是在细菌生长发育后期，原生质浓缩形成的壁厚、含水量低、抗逆性强的休眠孢子。能产生芽孢的细菌种类很少，一般杆菌中较常见。

芽孢有极强的抗热、抗辐射、抗化学药物和抗静水压等特性，可帮助细菌度过不良环境，在适宜的条件下可重新萌发形成一个新的菌体。如一般细菌的营养细胞在70～80℃时10min就死亡，而在沸水中，枯草芽孢杆菌的芽孢可存活1h，破伤风芽孢杆菌的芽孢可存活3h，肉毒梭状芽孢杆菌的芽孢可存活6h。一般在121℃条件下，需15～20min才能杀死芽孢。在微生物实验室或工业发酵中常以是否杀死芽孢作为灭菌是否彻底的指标。

2. 荚膜

荚膜是细胞表面分泌的一层松散、透明的黏液状物质。按有无固定层次、层次厚薄分为荚膜、微荚膜、黏液层等。荚膜的主要成分是水，还有少数蛋白质等，荚膜也与菌种致病力有一定关系。在食品工业中，产荚膜细菌的污染，可造成面包、牛奶、酒类和饮料等食品的黏性层结变质。

3. 鞭毛

鞭毛是生长在某些细菌表面的长丝状、波曲的蛋白质附属物，其数目为一至数十条不等，是负责细菌运动的结构。一般幼龄细菌在有水的适温环境中能进行活跃运动，衰老菌常因鞭毛脱落而运动不活跃。

三、细菌的繁殖

细菌一般进行无性繁殖，其繁殖方式主要为二分裂繁殖，简称裂殖。也有少数细菌存在有性接合，但频率极低。

裂殖是细菌最普遍、最主要的繁殖方式，通常表现为横分裂。分裂时首先菌体伸长，核质体分裂，菌体中部的细胞膜从外向中心呈环状推进，然后闭合而形成一个垂直于细胞长轴的细胞质隔膜，把菌体分开，细胞壁向内生长把横隔膜分为2层，形成子细胞壁，然后子细胞分离形成2个菌体。

四、细菌的菌落特征

细菌菌落就是一个细菌在固体培养基上生长繁殖后形成的由无数个个体组成的一堆肉眼可见的具有一定形态、构造特征的子细胞群体。由于菌落是由一个细菌生长繁殖而成，因此可以通过单菌落计数的方法来统计细菌的数量。如果把大量分散的纯种细菌密集地接种在固体培养基表面上，长出的大量菌落相互连成一片，就是菌苔。

细菌菌落特征主要包括菌落的大小、形态（圆形、丝状、不规则状、假根状等），侧面观察菌落隆起程度（如扩展、台状、低凸状、乳头状等），菌落表面状态（如光滑、皱褶、颗粒状龟裂、同心圆状等），表面光泽（如闪光、无光泽、金属光泽等），质地（如油脂状、膜状、黏、脆等），颜色与透明度（如透明、半透明、不透明等）。

细菌菌落特征因种而异，是细菌分类鉴定的依据之一。如无鞭毛、不能运动的球菌多形成较小、较厚、边缘圆整的菌落，而有鞭毛的细菌菌落就大而扁平、形态不规则、边缘不整齐；有荚膜的细菌菌落往往十分光滑，形状较大且呈透明的蛋清状；有芽孢的细菌菌落多有干燥、粗糙、多褶、不透明的特性。

任务四 细菌革兰氏染色技术

任务目标

1. 能够正确进行细菌的革兰氏染色。
2. 学会判断金黄色葡萄球菌和大肠埃希菌的革兰氏染色结果。

任务实施

一、设备与材料准备

1. 设备

普通光学显微镜。

2. 材料

载玻片、擦镜纸、香柏油、二甲苯、吸水纸、洗瓶、接种环、酒精灯、蒸馏水、草酸铵结晶紫染色液、碘液、95%乙醇、番红（或沙黄）染色液。

3. 菌种

大肠埃希菌、金黄色葡萄球菌。

二、操作步骤

1. 涂片

取干净的载玻片于实验台上，在载玻片的中央滴一滴无菌蒸馏水，通过无菌操作技术，挑取单菌落（大肠埃希菌或金黄色葡萄球菌）与玻片上的水滴混匀后，在载玻片上涂布成一均匀的薄层，涂布面不宜过大。

2. 干燥

在室温下使其自然干燥，为了使之干得更快些，可将标本面向上，手持载玻片一端的两侧，小心地在酒精灯上高处（距离外焰20cm）微微加热，使水分蒸发，但切勿紧靠火焰或加热时间过长，以防标本烤枯而变形。

3. 固定

利用高温固定，手持载玻片的一端，标本向上，在酒精灯火焰外层尽快地来回钟摆式通过2~3次，共2~3s，放置待冷后，以载玻片背面触及皮肤，不觉过烫为宜（不超过60℃），进行染色。

4. 初染

用草酸铵结晶紫溶液1~2滴覆盖菌体，染色1min后，水洗，干燥。注意水洗时，不要直接冲涂面，而应使水从载玻片的一端流下。水流不宜急、过大，以免涂片薄膜脱落。

5. 媒染

将碘液1~2滴滴于涂菌区域，覆盖菌体，进行媒染，染色时间1min，水洗，干燥。

6. 脱色

斜置载玻片，滴加95%乙醇脱色，至流出的乙醇不呈紫色为止，需时20~30s，立即水洗，以水冲洗残余酒精，干燥。

7. 复染

将番红（或沙黄）染液1~2滴滴于涂菌区域，染色1min，以水冲洗，干燥。

8. 镜检

用吸水纸吸掉水滴，待标本片干后置显微镜下，用低倍镜观察，发现目的物后用油镜观察，注意细菌细胞的颜色。

 任务拓展

1. 简述细菌革兰氏染色原理。
2. 简述革兰氏染色涉及的染料种类。
3. 革兰氏染色影响因素有哪些？

笔记

实训报告

操作记录
实训名称： 班级： 姓名： 学号：
革兰氏染色步骤及反思：
绘制金黄色葡萄球菌和大肠埃希菌的显微观察结果：   1. 待检菌： ，颜色： 色。 2. 结论：待检菌： ，革兰氏染色 性。
操作人：

知识链接

一、革兰氏染色原理

革兰氏染色技术是细菌学中广泛使用的一种鉴别染色法,这种染色法是由一位丹麦医生 Gram 于 1884 年发明。革兰氏染色技术将所有细菌分成两大类:革兰氏阳性细菌(G^+)和革兰氏阴性细菌(G^-),它是细菌学中最重要的鉴别染色法。

细菌通过结晶紫初染和碘液媒染后,在细胞壁内形成了不溶于水的结晶紫与碘的复合物,革兰氏阳性菌由于其细胞壁较厚,肽聚糖含量较高,且网状结构致密、交联度比较大,故遇乙醇脱色处理时,因失水反而使细胞壁肽聚糖层网状结构的孔径缩小,通透性降低,从而使媒染后形成的不溶性结晶紫-碘复合物不易渗出,使其仍呈紫色;而革兰氏阴性菌因其细胞壁薄、外膜层类脂含量高、肽聚糖层薄且交联度差,在遇脱色剂后,以类脂为主的外膜迅速溶解,薄而松散的肽聚糖网不能阻挡结晶紫与碘复合物的溶出,因此通过乙醇脱色后仍呈无色,再经番红等红色染料复染,就使革兰氏阴性菌呈红色,如表 1-2 所示。

表 1-2 革兰氏染色原理

染色步骤	细菌状态	染色情况
结晶紫(初染)	细胞染为紫色	
碘液(媒染)	细胞仍为紫色	
乙醇(脱色)	革兰氏阳性菌仍为紫色,革兰氏阴性菌变成为无色	
番红/沙黄(复染)	革兰氏阳性菌仍为紫色,革兰氏阴性菌呈红色	

二、影响革兰氏染色的关键因素

1. 涂片厚度

涂片过厚,细胞重叠,无法较好地观察单个细菌细胞形态;涂片过薄,细胞数量少,不利于观察。

2. 染色时间

染色时间过长,结晶紫与细胞结合,脱色不易;染色时间过短,染色不够,结晶紫尚未与细胞结合。染色时间控制不好,易引起误判。

3. 乙醇脱色的程度

如脱色过度,则阳性菌被误染为阴性菌;若脱色不够,则阴性菌被误染为阳性菌。

4. 菌龄

选用培养 18~24h 的细菌为宜,若细菌太老,菌体死亡或自溶常使革兰氏阳性菌转呈阴性反应。

项目二
微生物培养技术

项目导入

微生物从外界环境中摄取和利用营养物质的过程，称为营养。微生物获得的用于合成细胞物质和提供生命活动所需能量的各种物质，称为营养物质。微生物在适宜的环境条件下，不断吸收营养物质，按照自己的代谢方式进行新陈代谢活动。细胞原生质总量不断增加，体积不断增大，这种现象称为生长。当微生物个体数目增加时，这种现象称为繁殖。

当我们为微生物提供了合适的营养与环境，即在无菌操作技术下，将其接种在根据其营养需求配制的培养基上，微生物的生长、繁殖得到了保障。这也是后续微生物检验技术的基础。

学习目标

素质目标　具备无菌意识和科学的思维方式。

知识目标　了解微生物的营养需求与培养基配制方法，掌握常见的微生物分离技术。

能力目标　能够根据要求制备培养基并包扎灭菌，能熟练进行各项接种技术，得到纯培养。

任务一　玻璃器皿包扎技术

任务目标

1. 了解常见玻璃器皿的使用与洗涤。
2. 学会不同玻璃器皿的包扎技术。

任务实施

一、设备与材料准备

1. 设备

锥形瓶、试管、培养皿、吸管、一次性枪头、枪头盒。

2. 材料

报纸、剪刀、棉绳、棉花、洗涤液、刷子等。

二、操作步骤

1. 新购置的玻璃器皿的洗涤

新购置的玻璃器皿一般含较多的游离碱，可用 2%盐酸或洗涤液浸泡 2~3h 或过夜后以流动水冲洗干净，倒置晾干或烘干备用。也可将器皿先用热水浸泡，再用去污粉或肥皂粉刷洗，最后经过热水洗刷、自来水清洗，干燥后灭菌备用。

2. 使用过的玻璃器皿的洗涤

玻璃器皿洗涤后，如内壁的水均匀分布成一薄层，表示完全洗净，如还挂有水珠，则仍需用洗涤液浸泡数小时，然后再用自来水充分冲洗。

（1）锥形瓶或试管洗刷　使用过的锥形瓶或试管，因其内含有大量微生物（特别是病原菌），洗刷前应先对其高压蒸汽灭菌，倒去培养物后再洗涤。也可在洗涤前用2%煤酚皂溶液或 0.25%新洁尔灭消毒液浸泡 24h 或煮沸 30min，再进行洗涤。

加过消泡剂的发酵瓶或做过通气培养的大锥形瓶，一般先将倒空的瓶子用碱粉去掉油污后，再行洗刷。

（2）培养皿的清洗　使用过的平皿同样需先经高压蒸汽灭菌，倒去培养物，方可清洗。如灭菌条件不便，可将皿中培养基刮出，集中以便统一处理。洗涤前用 2%煤酚皂溶液或 0.25%新洁尔灭消毒液浸泡 24h 或煮沸 30min，再用去污粉或洗衣粉刷洗，冲洗干净后将平皿接龙式倒扣于洗涤架上或试验台上。

（3）吸管的洗涤　吸过菌液的吸管（滴管的橡皮头应先拔去）应立即投入 2%煤酚皂溶液或 0.25%新洁尔灭消毒液内，浸泡 24h 后方可取出冲洗。吸过血液、血清、糖溶液或染料溶液的吸管应立即投入自来水中，以免干燥后难以冲洗干净，待实验后集中冲洗。

吸管的内壁如有油垢，同样应先在洗涤液内浸泡数小时，然后再冲洗。

（4）载玻片和盖玻片的清洗　用过的载玻片与盖玻片如滴有香柏油，要先擦去香柏油或浸在二甲苯内摇晃几次，使油垢溶解，再在肥皂水中煮沸5~10min，用软布或脱脂棉花擦拭后用自来水冲洗，然后在稀洗液中浸泡0.5~2h，自来水冲洗，最后用蒸馏水涮洗几次，晾干后浸于95%乙醇中保存备用。

接触过活菌的载玻片或盖玻片应先在2%煤酚皂溶液或0.25%新洁尔灭消毒液中浸泡24h，然后按上述方法洗涤和保存。

3. 玻璃器皿的包扎

（1）锥形瓶的包扎　每个锥形瓶需单独塞好大小合适的硅胶塞，用报纸或牛皮纸包扎瓶颈以上部分，用棉绳以活抽绳结扎紧待灭菌。若瓶内装有待灭菌的物质如培养基、生理盐水等，应用记号笔注明培养基名称、配制日期、组别等信息，如图2-1。

图2-1　常用玻璃仪器的包扎效果图

（2）试管的包扎　洗净的试管塞上合适的、不松不紧的硅胶塞，硅胶塞入管内2/3，管外留1/3，同规格的数支试管上半部分用报纸包起来，再用棉绳以活抽绳结捆扎后灭菌。

（3）培养皿的包扎　培养皿由一底一盖组成一套，叠放整齐后，用报纸包紧，卷成一筒，一般以6~10套为宜。包好后灭菌（一般采用121℃，20min湿热灭菌）。培养皿也可用筒装灭菌法，即不用报纸包扎，直接放入特制的金属培养皿筒内，加筒盖灭菌。

（4）吸管的包扎　裁剪4~5cm宽的长报纸条，干燥的吸管上端用细铁丝或针塞入1~1.5cm松紧适宜的棉花，报纸条一端折两次三角形形成一个包口，将每支吸管尖端斜放在旧报纸条折好的三角包里，与纸条约呈45°，一手将吸管压紧，在桌面上向前搓转，使纸条螺旋式包紧吸管，余下的一段纸条折叠打结。包好的多支吸管用报纸包成捆，灭菌。另有一种筒装灭菌法，即吸管上端塞入棉花后尖端朝下装入吸管筒内，筒底可垫纱布，加筒盖灭菌。

（5）枪头盒的包扎　移液器搭配一次性枪头，可代替吸管进行液体的定量移取。先将一次性枪头逐根装入枪头盒，包扎方法类似培养皿的包扎，即用报纸包紧，最后两侧塞紧报纸后灭菌。

 任务拓展

1. 如何进行玻璃器皿的清洗？
2. 吸管包扎前为什么要塞棉花？
3. 你还知道哪些玻璃器皿，它们的用途分别是什么？

实训报告

操作记录			
实验名称： 班级：		姓名：	学号：
	重点污渍	洗涤要点	包扎方式
试管			
锥形瓶			
培养皿			
吸管			
枪头盒			
载玻片/ 盖玻片			—

任务二　培养基配制技术

任务目标

1. 了解培养基的概念、类型、配制原则和方法。
2. 学会配制培养基。

任务实施

一、设备与材料准备

1. 设备

电子天平、试管、锥形瓶、培养皿、烧杯、量筒、吸管、高压蒸汽灭菌锅。

2. 材料

牛肉膏、蛋白胨、NaCl、琼脂、10%HCl、10% NaOH、纱布、pH 试纸、棉花、报纸、棉绳、玻棒等。

二、操作步骤

1. 称量

称量前根据所需培养基配方和配制量计算好各成分含量，用称量纸去皮后称量。以配制总量 500mL 牛肉膏蛋白胨液体培养基为例，需称取牛肉膏 1.5g，蛋白胨 5g，NaCl 2.5g，蒸馏水 500mL。如使用成品培养基，则按产品使用说明和配制量计算称量即可。注意：试剂易受潮，在称取时动作要迅速，称量完毕及时盖好试剂瓶盖。另外，称量时药匙要干净，称取不同药品要更换药匙，避免污染。

2. 溶解

先向烧杯内加入所需水量的一部分，将称取的各种成分放入水中搅拌使其完全溶解后补足水分。若有难溶物质可适当加热。为避免生成沉淀造成营养损失，加入的顺序，一般是先加缓冲化合物，溶解后加入主要元素，然后再加微量元素，最后加入维生素、生长素等，淀粉类要先用适量温水调成糊状再兑入其他已溶解的成分中。

3. 调节 pH

初制备好的培养基往往 pH 值不符合要求，可用 1mol/L HCl 或 1mol/L NaOH 调节。边加酸（碱）边搅拌，并不时用 pH 试纸测试，直至达到所需 pH 为止。pH 值不可调过，以免回调而影响培养基各离子的浓度。

4. 加琼脂融化（配制固体培养基时需要）

以上为液体培养基配制步骤，如需配制固体培养基，则将配制好的液体培养基分出所需要的量，按配方比例添加琼脂并加热至琼脂融化。以配制总量 250mL 牛肉膏蛋白胨固体培养基为例，需分出 250mL 液体培养基，称取并添加琼脂 5g。加热过程中要小心控制火力并不断搅拌，以免培养基因沸腾而溢出容器并防止琼脂糊底烧焦。若加热过程蒸发过多水分可在最后补足。

5. 分装

分装时注意不得玷污试管上端或锥形瓶瓶口，以免引起杂菌污染。不同物理状态的培养基有不同的分装要求：

① 制作液体培养基时，分装于试管或锥形瓶内，锥形瓶一般以其容积的 1/2 为宜，不超过容积的 3/5，试管一般不超过试管高度的 1/3；

② 制作斜面培养基时，分装于试管内，一般不超过试管高度的 1/5，凝固后制成斜面高度不超过试管总高度的 1/2；

③ 制作平板培养基时，先分装于锥形瓶内，一般以其容积的 1/2 为宜，不超过容积的 3/5，灭菌后再倾注平板。

6. 包扎、灭菌

将分装好的试管、锥形瓶等按照不同方法进行包扎后灭菌。注意标注培养基的名称、配制日期、组别等信息。

7. 斜面与平板制作

（1）斜面灭菌后的培养基　固体培养基如需制成斜面，应在培养基未凝固前将试管倾斜放置于厚度为 1cm 左右物体上，使管内培养基自然倾斜，凝固后斜面长度一般以不超过试管总长度的 1/2 为宜。

（2）平板　将灭菌后的培养基于水浴锅中冷却到 45~55℃，立即倒平板。制作时（以惯用右手为例）左手持盛培养基的锥形瓶置火焰旁，用右手将锥形瓶塞轻轻拔出，再将锥形瓶转至右手，瓶口保持对着火焰，左手单手持皿开盖，即小指、无名指以及中指垫在培养皿的底部，而大拇指与食指卡在培养皿盖部的两侧。在酒精灯旁，用大拇指与食指将皿盖打开一缝，迅速倒入 15~20mL 培养基，加盖后轻轻摇动培养皿，使培养基均匀分布在培养皿底部，然后平置于桌面上，待凝固后即为平板。

任务拓展

1. 配制培养基的基本步骤有哪些？应注意什么问题？
2. 如何确认所配制的培养基是无菌的？

笔记

实训报告

操作记录										
实训名称： 班级：				姓名：			学号：			
时间	培养基（试剂）名称	成分/g	蒸馏水/L	pH 值	容量规格/[mL/瓶（管）]	数量/瓶（管）	灭菌方式	灭菌温度/℃	灭菌时间/min	配制人

操作步骤及反思：

操作人：

知识链接

一、微生物营养要素

微生物要求的营养要素有水、碳源、能源、氮源、无机盐及生长因子。

1. 水

水是微生物细胞的重要组分，也是新陈代谢过程必不可少的溶剂，保证细胞内外各种生物化学反应的正常进行。水可维持蛋白质、核酸等生物大分子结构的稳定性，并参与某些重要的生化反应。此外，水的比热容较高，又是良好的导体，可以调节细胞温度并维持细胞的正常形态。

2. 碳源和能源

碳源是供给微生物碳元素的物质，其主要作用是构成微生物细胞的碳骨架和供给微生物生长、繁殖及运动所需能量。从简单的无机碳化合物到复杂的有机碳化合物，都可以作为碳源。微生物细胞中的碳素含量相当高，可达细胞干物质的50%左右。

能源是为微生物生命活动提供能量的化学物质或辐射能。化学物质可以是无机物也可以是有机物。

根据微生物对碳素营养的同化能力不同，可将微生物分为无机自养和有机异养两种。根据能源的形式不同，可分为光能营养和化能营养。

（1）光能自养型　依靠体内的光合作用色素，利用光作为能源，以 H_2O、H_2S 等作为供氢体，CO_2 为碳源合成有机物，构成自身细胞物质。藻类的光合作用类似高等植物，以 H_2O 为供氢体，最后产生氧气。而紫色硫细菌、绿色硫细菌光合作用是以 H_2S 为供氢体，最后不产生氧气。

（2）化能自养型　体内不含光合色素，不能进行光合作用，合成有机物所需能量来自氧化 H_2、还原态的硫化合物、还原态的氮化合物等无机物时产生的 ATP。CO_2 是其唯一碳源。

（3）光能异养型　以光为能源，以有机物为供氢体，还原 CO_2，合成有机物的一类厌氧微生物，也称为有机光合细菌。

（4）化能异养型　以氧化有机物产生化学能而获得能量，碳源也是其能源。包括绝大多数细菌、放线菌及全部的真菌。

（5）混合营养型　是指既能以无机碳作为碳素营养又可利用有机碳化合物作为碳素营养的一类微生物，即兼性营养微生物。

3. 氮源

氮源是能供给微生物含氮物质的营养物质，氮源一般不提供能量。但化能自养型微生物中有利用还原态的氮化合物作为氮源和能源的，比如硝化细菌可以利用氨，某些氨基酸也可以作为能源。氮的来源包括无机氮化合物（硝酸盐、铵盐等）及有机氮化合物（尿素、胺、氨基酸、蛋白质等）。

4. 无机盐

无机盐构成细胞组分，稳定细胞结构，构成酶的组分和维持酶的活性，调节渗透压、氢离子浓度、氧化还原电位等，供给自养微生物能源。

根据微生物对无机盐的需求不同，分为大量元素和微量元素。

5. 生长因子

生长因子是一类调节微生物正常代谢所必需的，但无法自身合成或合成不足的有机物。

包括维生素、嘌呤、嘧啶类、氨基酸等,其中维生素是重要辅酶,氨基酸合成蛋白质,嘌呤和嘧啶参与合成核酸和辅酶。

二、培养基

培养基是人工配制的适合于不同微生物生长繁殖或积累代谢产物的营养物质,也是细胞生长和繁殖的生存环境。一般都含有碳源、氮源、无机盐、生长因子和水等几大类物质。根据不同需求,还会添加凝固剂、抑制剂或者指示剂。

1. 培养基的配制原则

(1) 目的明确　不同培养对象和目的对营养要求不同,需要设计和选择不同的配方。比如自养微生物可以完全由无机物组成,而异养微生物的培养基中至少要有一种有机物;培养细菌常用牛肉膏蛋白胨培养基,培养真菌常用马铃薯葡萄糖琼脂培养基;当要获得代谢产物时,所含氮源宜低些,以使微生物生长不要过于旺盛而有利于代谢产物的积累。

(2) 营养要平衡　营养物质浓度太低,不能满足微生物生长的需要,浓度太高,则会抑制微生物的生长。不同微生物对各营养要素的比例要求是不同的,这里主要是指碳氮磷比,其中碳氮比对微生物的生长和代谢有很大的影响。如细菌和酵母菌C：N要求5：1,而霉菌约为10：1。

(3) 条件适宜　培养基还需要提供适宜微生物生长的条件,如适宜的pH、渗透压、氧气等。因此配制培养基时,调节pH这一步骤不可忽略。

(4) 经济节约　在实际应用生产时,应该尽量选取价格低廉、来源丰富的培养基原料,这对工业生产降低成本尤为重要。

(5) 灭菌处理　要获得微生物纯培养,必须避免杂菌污染,因此对所用器材及工作场所进行消毒与灭菌。对培养基而言,更是要进行严格的灭菌。对培养基一般采取121℃、15～30min高压蒸汽灭菌。含糖培养基常是115℃、15～30min灭菌,这是因为长时间高温会使某些不耐热物质遭到破坏,如使糖类物质形成氨基糖、焦糖。

2. 培养基的种类

由于各类微生物对营养的要求不同,培养目的和检测需要不同,因而培养基的种类很多。可根据某种标准,如成分来源、物理状态、用途等,将种类繁多的培养基划分为若干类型。

(1) 根据成分来源划分

① 天然培养基　是指含有天然有机物,不能确定其化学成分或其化学成分不恒定的培养基。如牛肉浸膏、蛋白胨、酵母浸膏、玉米粉、牛奶、血清等。

② 合成培养基　由化学成分完全了解的物质配制而成的培养基,也称化学限定培养基。如高氏1号培养基、察氏培养基等。

③ 复合培养基　又称为半合成培养基,是指既有已知的化学物质,又同时添加了某些天然成分配制的培养基。如培养细菌常用的牛肉膏蛋白胨培养基,培养真菌常用的马铃薯葡萄糖琼脂培养基。

(2) 根据培养基的物理状态划分

① 液体培养基　是指没有添加凝固剂,呈液体状态的培养基。主要用于增菌培养和鉴别性培养。

② 半固体培养基　是指在液体培养基中添加少量凝固剂,如添加0.2%～0.7%琼脂,使培养基呈现半固体状态,其流动性介于固体与液体之间。在试管中呈直立柱状,主要用于细

菌运动力的观察、趋化性研究、厌氧菌的培养以及细菌、酵母菌等的菌种保藏。

③ **固体培养基** 是指液体培养基中添加更多的凝固剂，如添加 1.5%~2%琼脂或 5%~12%明胶。若分装在试管中则制成斜面培养基，若分装在锥形瓶中，则灭菌后于灭菌培养皿中制成平板。可用于微生物的分离、鉴定、检验杂菌、计数、保藏、生物测定等。

（3）根据培养基的用途划分

① **基础培养基** 含有一般微生物生长繁殖所需的基本营养物质的培养基。如牛肉膏蛋白胨培养基就是用于培养大多数异养细菌的基础培养基。

② **增殖培养基** 又称为加富培养基，在普通培养基中加入一些某种微生物特别喜欢的营养物质，如血清、动植物组织液等，以加快这种微生物的繁殖速度，逐渐淘汰其他微生物。

③ **选择培养基** 是在培养基中加入某种物质以杀死或抑制不需要的菌种生长的培养基。如在培养基中加入胆汁酸盐，可以抑制革兰氏阳性菌的生长，进而有利于革兰氏阴性菌生长繁殖。常用的抑制剂有盐类：氯化钠、氯化锂、氰化钾、亚碲酸钾（钠）、亚硒酸钠等；胆盐类：猪（牛、羊）胆盐、混合胆盐、三号胆盐、去氧胆酸盐、胆石酸盐等。

④ **鉴别培养基** 在培养基中加入某种试剂或化学药品，使难以区分的微生物经培养后呈现出明显差别，因而有助于快速鉴别某种微生物。常用的指示剂：酚红、溴甲酚紫、中性红、中国蓝、甲基红、复红、伊红、美蓝、孔雀绿等。

（4）根据生产目的划分

① **种子培养基** 适合微生物菌体生长，营养物质丰富而完全，含氮量高。其目的是获得优良菌种。

② **发酵培养基** 用于生产发酵产物的培养基，其碳源含量高于种子培养基，目的是获得菌体或代谢产物。

3. 培养基的保存

① 基础培养基不能超过两周。

② 生化试验培养基不宜超过一周。

③ 选择或鉴别培养基最好当天使用，倾注的平板不宜超过 3 天。

任务三　微生物的分离纯化技术

任务目标

1. 学会常用的微生物分离纯化技术。
2. 能够正确描述微生物纯培养的菌落特征。

任务实施

一、设备与材料准备

1. 设备

超净工作台。

2. 材料

酒精灯、接种环、酒精棉、马铃薯葡萄糖琼脂平板培养基、牛肉膏蛋白胨固体平板培养基、牛肉膏蛋白胨固体斜面培养基。

3. 菌种

霉菌、大肠埃希菌或金黄色葡萄球菌。

二、操作步骤

1. 接种前的准备

将所需实验材料（除菌种外）提前放入超净工作台，紫外线灯照射 20～30min，开始操作前；关闭紫外灯，打开照明与排风，接种前用 75% 酒精擦手，待酒精蒸发后点燃酒精灯，待操作的器皿均需注明菌种名称、接种日期和接种人姓名等。

2. 接种

（1）斜面接种　将菌种和斜面培养基两支试管放于左手手心处中，使中指位于两试管之间，管内斜面向上使斜面可视。接种环在酒精灯外焰上灼烧灭菌，右手的小指、无名指及掌心在火焰旁同时拔出两支试管的硅胶塞，并使管口在火焰上转动灼烧可能存在的杂菌。将接种环伸入菌种管内，先接触管内斜面上端的培养基或管壁，令其冷却以免烫死菌种，然后轻轻接触菌苔取出少许，迅速将接种环上的菌种伸入待培养基内，在培养基斜面上由下而上轻轻 Z 形划线。然后抽出接种环，将管口灭菌，并在火焰旁盖硅胶塞。接种环再次灼烧灭菌后放回原处，以免污染环境。

（2）液体接种　液体接种包括从斜面菌种接入培养液，或从液体菌种接入液体培养液，两种情况都可以做接种环接种，但在培养量比较大的情况下，液体接种宜采用移液管接种，同时要无菌操作，将取有菌种的接种环送入液体培养基时要使环在液体表面与管壁接触的部分轻轻摩擦，接种后塞硅胶塞，将试管在手掌中轻轻晃动，使菌体在培养基中分散开来。

（3）三点接种（点植法）　右手持接种环在酒精灯外焰上灼烧灭菌，左手单手持霉菌培养皿开盖，右手持接种环先接触培养皿内盖或培养基未长菌处冷却，以免烫死菌种，接种环挑取适量孢子丝，左手换待接的马铃薯葡萄糖琼脂平板，将孢子丝点种在培养基中心点或成三角形的三分点，然后盖上平皿盖，28℃正置培养 3~5d，这种方法可避免霉菌孢子散落在培养基上，使菌落生长成一个或三个扇形的典型菌落，便于观察。

3. 三区划线分离

划线方法很多，但其目的都是通过划线将样品在平板上进行稀释，使之形成单个菌落。

在近火焰处，左手持菌种培养皿开盖，右手持接种环，挑取单菌落后，左手换待接牛肉膏蛋白胨固体平板开盖，右手将接种环伸入培养皿内，在平板上轻轻划线（注意勿将培养基划破），划线时接种环与培养基表面夹角为20°~30°。划线范围不应超过平板面积的1/3，此为第一区。

取出接种环，火焰灼烧，杀死残余细菌。转动培养皿约60°，再将接种环伸入培养皿内，在第一区最后几条划线末端交叉划线，前面两三次接触第一区划线，后面不再接触，此为第二区。

再取出接种环，火焰灼烧，杀死残余细菌。转动培养皿约60°，再将接种环伸入培养皿内，在第二区最后几条划线末端交叉划线，前面两三次接触第二区划线，后面不再接触，此为第三区。

完成划线后，37℃倒置培养 24h 后观察结果。理论上在第二区末端跟第三区会出现单菌落。如需分离纯化的菌种杂菌较多，则需经过多次三区划线才可获得纯培养。

4. 培养

依据菌种生长的最适温度，将接种好的试管或培养皿放入设置好的恒温箱或培养室里培养。

5. 培养特征观察

培养结束后，由于微生物种类生理特征不同，个体在固体培养基或液体培养基上的生长各有特点。

 任务拓展

1. 平板划线中，微生物如何稀释扩散开，以形成单菌落？
2. 试述如何在接种过程中做到无菌操作？

笔记

实训报告

操作记录
实训名称： 班级：　　　　　　　姓名：　　　　　　　学号：
操作步骤及反思：
培养结果描述：
操作人：

知识链接

一、微生物接种技术

将微生物的纯种或含菌材料（如水、食品、空气、土壤、排泄物等）转移到培养基上，这个操作过程叫做微生物的接种。

接种是微生物检验中的一项基本操作，也是发酵生产中的一项基本工作，无论是移植、分离、鉴定，还是形态生理研究，都必须进行接种培养。接种的关键在于严格进行无菌操作，操作不慎，染上杂菌，就会导致实验失败甚至菌种丢失。

由于培养基的种类不同、接种目的不同、接种要求不同、接种的微生物不同，微生物接种有很多方法，常见的有：划线接种、三点接种、穿刺接种、浇混接种（倾注法）、涂布接种、液体接种、浸洗接种、注射接种、活体接种。

二、微生物分离、纯化技术

自然界中微生物种类繁多，而且绝大多数混杂在一起，有时微生物的纯种在接种、培养过程中由于操作不当也会被污染，为了得到微生物的纯种，必须把所需目的微生物从混杂的微生物中分离出来，即纯种分离技术。

三、无菌操作

无菌操作是一种实验技术，在微生物接种、分离、纯培养过程中必须采用无菌操作技术，杜绝外界环境中的杂菌进入培养的容器或系统内，从而避免污染培养物。

无菌操作的目的是保持无菌物品及无菌区域不被污染，使已灭菌的物品保持无菌状态，以避免微生物污染和影响实验结果，保证实验结果的准确性和可靠性。同时，避免样品和实验系统的污染和腐败，防止一切微生物侵入机体或传播给他人。

项目三
微生物生长与控制技术

项目导入

微生物在适宜的条件下，不断从周围环境中吸收营养物质，并转化为细胞物质，进行生长和繁殖。研究微生物生长的对象是群体，那么测定微生物生长繁殖的方法既可以选择测定细胞数量，也可以选择测定细胞生物量。

影响微生物生长的外界因素很多，除了营养物质，还有许多物理、化学因素。当环境条件的改变在一定限度内，可引起微生物形态、生理、生长、繁殖等特征的改变；当环境条件的变化超过一定极限时，则导致微生物的死亡。研究环境条件与微生物之间的相互关系，有助于了解微生物在自然界的分布与作用，也可指导人们在食品加工过程中有效地控制微生物的生命活动，保证食品的安全性，延长食品的货架期。

学习目标

素质目标　培养科学、严谨的实验态度，勇于探索的创新精神，利用学习的知识分析问题和解决问题的能力。

知识目标　明确血细胞计数板计数的原理，熟悉影响微生物生长的环境因素，掌握单细胞微生物生长曲线的相关知识。

能力目标　学会使用血细胞计数板进行微生物计数，能初步利用微生物生长曲线指导生产，能正确设计并试验不同环境因素对微生物生长的影响。

任务一　显微镜直接计数

任务目标

1. 明确血细胞计数板计数的原理。
2. 掌握使用血细胞计数板进行微生物计数的方法。

任务实施

一、设备与材料准备

1. 设备

显微镜。

2. 材料

血细胞计数板、盖玻片、无菌毛细滴管。

3. 菌种

酿酒酵母。

二、计数原理

在显微镜下利用血细胞计数板（又称血球计数板）、网格计数框等计数工具直接进行微生物计数是最常用的计数方法。该方法是将菌悬液或浓缩后水样中的浮游生物，置于计数板和盖玻片之间的计数室中，在显微镜下进行计数。因为计数室的容积是一定的，所以可通过显微镜下观察到的微生物数目来计算单位体积内的微生物总数。但若菌悬液中不加可以区分细胞死活的试剂时，计数通常计得的是活菌体和死菌体的总和，还有微小杂物也被计算在内，这样得出的结果往往偏高，因此此法适用于体积较大的单细胞微生物的计数。

血细胞计数板是一种常用的细胞计数工具，因医学上常用来计数红细胞、白细胞等而得名，也常用于计算一些真菌、酵母等微生物的数量，是一种常见的生物学工具。血细胞计数板是一块特制的厚型载玻片（图3-1），每块计数板由H形凹槽分隔成两个平台，在两个平台上各有1个相同的方格网，每个方格网被划分成9个大格，在中央的大格是计数室，计数室的边长为1mm，面积为$1mm^2$，盖上盖玻片后，高度为0.1mm，因此计数室的体积为$0.1mm^3$。使用血细胞计数板计数时，先要测定每个小方格中微生物的数量，再换算成每毫升菌液（或每克样品）中微生物细胞的数量。

计数室的规格有两种：一种是将计数室分成25个中方格，每个中方格又分为16个小方格即25×16型（汤麦式）。另一种是将计数室分成16个中方格，每个中方格又分成25个小方格即16×25型（希利格式）。两种规格计数室都由400个小方格组成。在血细胞计数板上，刻有一些符号和数字，如图3-1（a），XB.K.25为计数板的型号和规格，表示此计数板分25个中方格（即汤麦式），0.10mm表示计数室高度，$1/400mm^2$表示每一小格的面积。

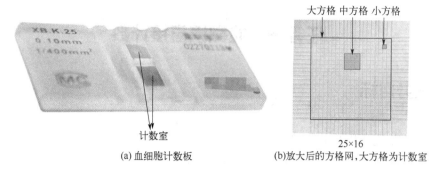

(a) 血细胞计数板　　　　(b)放大后的方格网，大方格为计数室

图 3-1　血细胞计数板构造图

三、操作步骤

1. 稀释

根据待测菌液浓度，加无菌水适当稀释，以每小格 5~10 个菌体为宜。稀释过程需无菌操作，吸取 0.2mL 菌液加入 1.8mL 无菌水中，制成 10 倍稀释液；吸取 0.2mL 10 倍稀释液加入 1.8mL 无菌水中，则制成 100 倍稀释液。

2. 镜检计数室

因前一次清洗不到位或者保存过程中存在污染，或者因操作不当导致计数室存在划痕，若不及时清洗或更换，则会对后期实验计数产生极大影响。因此在加样前，先对计数板的计数室进行镜检（图 3-2）。若有污物，则需按要求清洗，吹干后才能进行计数。

图 3-2　显微镜视野下计数平台及计数室

3. 制片

取清洁干燥的血球计数板，在计数室上加盖专用的盖玻片（血盖片），将菌悬液摇匀，用吸管吸取少许，从计数板中间平台两侧的沟槽内沿盖玻片的下边缘滴入一小滴（不宜过多），利用液体的表面张力一次性充满计数区，勿产生气泡，并用吸水纸吸去沟槽中流出的多余菌悬液。若先加菌液再覆盖血盖片，则容易因为菌液加入过多，而导致血盖片未与血细胞计数板支持柱接触，血盖片浮于菌液上方而导致最后计数偏大，同时也可能因为有气泡产生而导致计数偏小。

4. 酵母计数

（1）计数方法　静置 3~5min，待酵母菌细胞全部沉降到计数室底部后，将血细胞计数板放置于显微镜的载物台上夹稳，先在低倍镜下找到需要观察计数的大方格及中方格，将中方格移到视野中央,然后拨动转换器移至高倍镜进行计数并记录。

低倍镜下,可以清晰地看到血细胞计数板上的酵母菌。但是,转换到高倍镜后,视野里菌体观察不清,这是因为活的酵母菌和培养液的折光率相近,因此,高倍镜下观察时应减弱光照的强度。计数时注意转动细调旋钮,以便上下液层的菌体均可观测到。每个样品重复计数2~3次(每次数值不应相差过大,否则应重新操作)。

计数时,规格为16×25的计数板只计算左上、左下、右上和右下4个中格(即100小格)内的酵母菌数。若是规格为25×16的计数板,除统计上述4个中格外,还需增加中央1个中格(即80小格)的酵母菌数。每个样品重复计数2~3次(每次计数结果差别不应过大,否则重新操作),取其平均值。然后计算单位体积内受检样含有的微生物数目。计算公式如下:

微生物细胞个数(个/mL)=平均每小格内细胞数×400×10000×稀释倍数 (3-1)

(2)计数原则 为了保证计数的准确性,避免重复计数和漏记,在计数时,对沉降在格线上细胞的统计应有统一的规定。如菌体位于大方格的双线上,采用"计上不计下,计左不计右"的计数原则,以减少误差。对出芽的酵母菌,芽体达到母细胞大小一半时,即可作为2个菌体计算。

5. 清洗

测数完毕,取下盖玻片,用急水流将血细胞计数板冲洗干净,切勿用硬物洗刷或抹擦,以免损坏网格刻度。洗净后自然晾干或用吹风机吹干,也可用吸水纸吸干水分后再用擦镜纸擦干,镜检计数室内无残留菌体或其他沉淀物即可,否则应重新清洗干净。

6. 注意事项

① 从离心管中吸出培养液进行计数之前,要轻轻振荡几下,使菌体分布均匀,防止聚集沉淀,从而提高计数的代表性和准确性。

② 如果一个小方格内菌过多,难以数清,应当对培养液进行稀释以便于微生物的计数。

③ 计数时应不时调节焦距,才能观察到不同深度的菌体。

④ 血球计数板的清洁血球计数板使用后,用自来水冲洗,不可用硬物洗刷,洗后自然晾干或用吹风机吹干。

任务拓展

1. 为什么用两种不同规格的计数板测同一样品时,其结果一样?
2. 血球计数板计数的误差主要来自哪些方面?应如何尽量减少误差、力求准确?
3. 某单位想知道一种干酵母粉中的活菌存活率,请设计1~2种可行的检测方法。

笔记

实训报告

操作记录
实训名称： 班级：　　　　　　　姓名：　　　　　　　学号：
操作步骤及反思：

按公式计算出每 mL（g）菌悬液所含细胞数量，将计数结果填于下表中。

计算次数	各中方格中细胞数					5个中方格总数	稀释倍数	平均值	总菌/（个/mL）
	左上	右上	右下	左下	中间				

操作人：

知识链接

一、微生物的生长

1. 微生物生长与繁殖

微生物在适宜的条件下，不断从周围环境中吸收营养物质，并转化为细胞物质。同化作用的速度超过了异化作用，使个体细胞质量和体积增加，称为生长。单细胞微生物，如细菌个体细胞增大是有限的，体积增大到一定程度就会分裂，分裂成两个大小相似的子细胞，子细胞又重复上述过程，使细胞数目增加，称为繁殖。单细胞微生物的生长实际上是以群体细胞数目的增加为标志的。霉菌和放线菌等丝状微生物的生长主要表现为菌丝的伸长和分枝，其细胞数目并不伴随着个体数目的增多而增加。因此，其生长通常以菌丝的长度、体积及质量的增加来衡量，只有通过形成无性孢子或有性孢子使其个体数目增加才叫繁殖。

生长与繁殖的关系是：

个体生长→个体繁殖→群体生长

群体生长=个体生长+个体繁殖

除了特定的目的以外，在微生物的研究和应用中只有群体的生长才有实际意义，因此，在微生物学中提到的"生长"均指群体生长。这一点与研究高等生物时有所不同。

2. 微生物生长量的测定方法

研究微生物生长的对象是群体，那么测定微生物生长繁殖的方法既可以选择测定细胞数量，也可以选择测定细胞生物量。

（1）稀释平板菌落计数法 稀释平板菌落计数法是最常用的活菌计数法。在大多数研究和生产活动中，人们往往更需要了解活菌数的消长情况。从理论上讲，在高度稀释条件下每一个活的单细胞均能繁殖成一个菌落，因而可以用培养的方法使每个活细胞生长成一个单独的菌落，并通过长出的菌落数去推算菌悬液中的活菌数，因此菌落数就是待测样品所含的活菌数。此法所得到的数值往往比直接法测定的数值小。

稀释平板计数法可分为两种方法：一种是涂布法，另一种是倾注法。涂布法是将一定体积样品菌液稀释后取一定量涂布于平板表面，在最适条件下培养后，平板上出现的菌落数乘菌液的稀释度，即可算出原菌液的含菌数。倾注法是将经过灭菌冷却至45~50℃的琼脂培养基与一定量稀释后的样品在平皿中混匀，凝固后进行培养，然后进行计数。

这种方法在操作时，有较高的技术要求。其中最重要的是应使样品充分混匀，并且每支移液管只能接触一个稀释度的菌液。有人认为，对原菌液浓度为 10^9 个/mL 的微生物来说，如果第一次稀释采用 10^{-4} 级（10μL 菌液至 100mL 无菌水中），第二次采用 10^{-2} 级（吸 1mL 上述稀释液至 100mL 无菌水中），然后再吸第二次菌液 0.2mL 进行表面涂布和菌落计数，则所得的结果最为精确。其主要原因是，一般的吸管壁常因存在油脂而影响计数的精确度（有时误差竟高达 15%）。

该法的缺点是程序麻烦，费工费时，操作者需有熟练的技术。而且在混合微生物样品中只能测定占优势并能在供试培养基上生长的类群。

（2）血球计数板法 血球计数板是一块特制的载玻片，计数是在计数室内进行的，即将一定稀释度的细胞悬液加到固定体积的计数板小室内,在显微镜下观测小室内细胞的个数,计算出样品中细胞的浓度,稀释浓度以计数室中的小格含有4~5个细胞为宜。由于计数室的体积是一定（0.1mL）的,这样根据计数出来的数字,就可以计算出单位体积菌液内的菌体总数。但一般情况下,要取一定数量的计数室进行计数,在算出计数室的平均菌数后,再进行计算。这种方法的特点是测定简便、直接、快速,但测定的对象有一定的局限性,只适合于个体较大的微生物种类,如酵母菌、霉菌的孢子等;此外测定结果是微生物个体的总数,其中包括死亡的个体和存活的个体,要想测定活菌的个数,还必须借助其他方法配合。

（3）液体稀释培养法　对未知菌样做连续10倍系列稀释。根据估计数,从最适宜的3个连续10倍稀释液中各取5mL试样,接种到3组共15支装有培养液的试管中（每管接入1mL）。经培养后,记录每个稀释度出现生长的试管数,然后查MPN（most probable number）表,再根据样品的稀释倍数就可以算出其中的活菌量。该法常用于食品中微生物的检测,例如饮用水和牛奶的微生物限量检查。

（4）比浊法　在细菌培养生长过程中,细胞数量的增加会引起培养物混浊度的增高,使光线透过量降低。在一定浓度范围内,悬液中细胞的数量与透光量成反比,与光密度成正比。比浊管是用不同浓度的 $BaCl_2$ 与稀 H_2SO_4 配制成的10支试管,其中形成的 H_2SO_4 有10个梯度,分别代表10个相对的细菌浓度（预先用相应的细菌测定）。将某一未知浓度的菌液在透射光下与比浊管进行比较,如果两者透光度相当,即可目测出该菌液的大致浓度。如果要作精确测定,则可用分光光度计进行。在可见光的450~650nm波段内均可测定。

3. 微生物生长规律

根据对某些单细胞微生物在封闭式容器中进行分批（纯）培养的研究,发现在适宜条件下,不同微生物的细胞生长繁殖有严格的规律性。单细胞的微生物,如细菌、酵母菌在液体培养基中,可以均匀地分布,每个细胞接触的环境条件相同,都有充分的营养物质,故每个细胞都迅速地生长繁殖。霉菌多数是多细胞微生物,菌体呈丝状,在液体培养基中生长繁殖的情况与单细胞微生物不一样。如果采用摇床培养,则霉菌在液体培养中的生长繁殖情况近似于单细胞微生物,因液体被搅动,菌丝处于分布比较均匀的状态,而且菌丝在生长繁殖过程中不会像在固体培养基上那样有分化现象,孢子产生也较少。

二、微生物生长曲线

将少量单细胞微生物纯菌种接种到新鲜的液体培养基中,在最适条件下培养,在培养过程中定时测定细胞数量,以细胞数的对数为纵坐标,时间为横坐标,可以做出一条有规律的曲线,这就是微生物的生长曲线（growth curve）。生长曲线严格说应称为繁殖曲线,因为单细胞微生物,如细菌等都以细菌数增加作为生长指标。这条曲线代表了细菌在新的适宜环境中生长繁殖至衰老死亡的动态变化。根据细菌生长繁殖速度的不同可将其分为四个时期（见图3-3）。

1. 延滞期

延滞期（lag phase）又叫适应期,是指微生物接种到新的培养基中,一般不立即进行繁殖,生长速率常数为零,需要经一段时间自身调整,诱导合成必要的酶、辅酶或合成某些中间代谢产物。此时,细胞质量增加,体积增大,但不分裂繁殖,细胞长轴伸长（如巨大芽孢杆菌的长度由 3.4μm 增长到 9.1～19.8μm），细胞质均匀，DNA 含量高。细胞内 RNA 尤其是 rRNA 含量增高，原生质体嗜碱性。对外界不良条件的反应敏感。

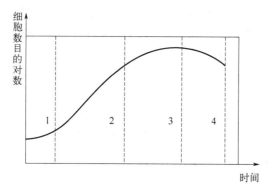

图 3-3 微生物生长曲线

1—适应期；2—对数生长期；3—稳定期；4—衰亡期

在发酵工业，为提高生产效率，除了选择合适的菌种外，常要采取措施缩短延滞期。其主要方法有：①以对数生长期的菌种接种，因对数期的菌种生长代谢旺盛，繁殖力强，则子代培养期的适应期就短。②适当增加接种量。生产上接种量的多少是影响延滞期的一个重要因素。接种量大，延滞期短，反之则长。根据不同的微生物及生产具体情况，一般不超过 1/10 的接种量。常用接种量为 3%～8%。③培养基成分。现在发酵生产中，发酵培养的成分与种子培养基的成分相近，因为微生物生长在营养丰富的天然培养基中要比生长在营养单调的合成培养基中延滞期短。

适应期的出现，可能是因为微生物刚被接种到新鲜培养基中，一时还缺乏分解或催化有关底物的酶，或是缺乏充足的中间代谢产物，为产生诱导或合成有关的中间代谢物，就需要有一适应过程，于是就出现了生长的延滞。

2. 对数生长期

对数生长期（logarithmic phase）是指在生长曲线中，紧接着延滞期的一段时期。此时的菌体适应新的环境后，细胞代谢活性最强，生长旺盛，分裂速度按几何级数增加，群体形态与生理特征最一致，抵抗不良环境的能力最强。其生长曲线近似为一条上升的直线。

在对数生长期，每一种微生物的世代时间（细胞每分裂一次所需要的时间）是一定的，这是微生物菌种的一个重要特征。以分裂增殖时间 t 除以分裂增殖代数（n），即可求出每增一代所需的时间（G）。

在一定时间内，菌体细胞分裂次数愈多，世代时间越短，分裂速度越快。不同微生物菌体其对数生长期中的世代时间不同，同一种微生物在不同培养基组分和不同环境条件下，如培养温度、培养基 pH 值、营养物性质等，世代时间也不同。但每种微生物在一定条件下，其世代时间是相对稳定的。繁殖最快的世代时间只有 9.8min 左右，最慢的世代时间长达 33h，多数种类世代时间为 20～30min。影响微生物对数期世代时间的因素很多，主要有：菌种、营养成分、营养物浓度、培养温度。

3. 稳定期

在一定溶剂的培养基中，由于微生物经对数生长期的旺盛生长后，某些营养物质被消耗，有害代谢产物积累以及 pH 值、氧化还原电位、无机离子浓度等变化，限制了菌体继续高速度增殖，初期细菌分裂间隔的时间开始延长，曲线上升逐渐缓慢。随后，部分细胞停止分裂，少数细胞开始死亡，使新增殖的细胞数与老细胞死亡数几乎相等，处于动态平衡，细菌数达到最高水平，接着死亡数超过新增殖数，曲线出现下降趋势。这时，细胞内开始积累贮藏物质如肝糖原、异染颗粒、脂滴等，大多数芽孢细菌在此时形成芽孢。同时，发酵液中细菌产物积累逐渐增多，这一时期称为稳定期（stationary phase），是发酵目的产物生成的重要阶段（如抗生素等）。

4. 衰亡期

稳定期后，环境变得不适合细菌生长，细胞生活力衰退，死亡率增加，以致细胞死亡数大大超过新生数，细菌总数急剧下降，此时期称为衰亡期（death phase）。这个时期细胞常出现多形态等畸形以及液泡，有许多菌在衰亡期后期常产生自溶现象，使工业生产中后处理过滤困难。产生衰亡期的原因主要是外界环境对继续生长的细菌越来越不利，从而引起细菌细胞内的分解代谢速率大大超过合成代谢速率，导致菌体死亡。

任务二　环境因素对微生物生长的影响

任务目标

1. 了解温度、pH 值、紫外线及常用化学消毒剂对微生物生长的影响。
2. 学会观察各因素对微生物生长抑制的强弱。

任务实施

一、设备与材料准备

1. 设备

无菌工作台、灭菌锅、恒温水浴锅、移液器。

2. 材料

5%苯酚、75%乙醇、5%甲醛、10%HCl、10%NaOH、无菌水、碘酒、无菌培养皿、无菌滤纸片（直径 5mm）、镊子、涂布棒、黑纸片、接种环、无菌吸头等。

3. 菌种

大肠埃希菌、金黄色葡萄球菌。

二、培养基配制

1. 配制营养肉汤琼脂培养基

将葡萄糖 1g、牛肉粉 0.3g、蛋白胨 0.5g、NaCl 0.5g 溶于 100mL 蒸馏水中，搅拌溶解，pH 调至 7.0～7.2，加入琼脂 2.0g，煮沸溶解，121℃，灭菌 15min。

2. 配制营养肉汤培养基

将葡萄糖 1g、牛肉粉 0.3g、蛋白胨 0.5g、NaCl 0.5g 溶于 100mL 蒸馏水中，搅拌溶解，分别用 10%HCl 和 10%NaOH 将培养基的 pH 调为 3.0、5.0、7.0、9.0、11.0，然后每种 pH 的培养基分别装入试管中，每管分装 10mL，121℃，灭菌 15min。

三、操作步骤

1. 倒平板

① 空白平板制备：将营养肉汤琼脂培养基融化倒平板。

② 取 2 套空白平板，在平板上标注"大肠埃希菌"字样，用无菌吸头吸取 0.1mL 培养 18h 的大肠埃希菌菌液加入平板中，用无菌涂布棒涂布均匀。

③ 取 2 套空白平板，在平板上标注"金黄色葡萄球菌"字样，用无菌吸头吸取 0.1mL 培养 18h 的金黄色葡萄球菌菌液加入平板中，用无菌涂布棒涂布均匀。

2. 测定各种化学因素对微生物生长的影响（滤纸片法）

① 取标有"大肠埃希菌"和"金黄色葡萄球菌"的平板各 1 套。

② 将平板底皿划分为 4 等份，每一等份内标明一种消毒剂的名称（5%苯酚、75%乙醇、

5%甲醛、碘酒），如图3-4所示。

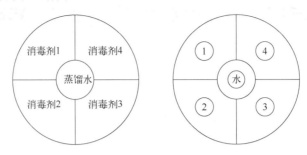

图3-4　测定各种化学消毒剂对微生物生长的影响

③ 用无菌镊子将已灭菌的小圆滤纸片分别浸入装有各种消毒剂的试管中浸湿。

④ 将上述贴好滤纸片的含菌平板倒置放于37℃条件下培养24h后观察抑菌圈。

3. 紫外线杀菌实验

① 取标有"大肠埃希菌"和"金黄色葡萄球菌"的平板各1套。

② 在无菌工作台中，以无菌操作的方法将黑色纸片放入培养皿中，如图3-5所示，紫外线照射30min后，拿掉黑纸片，再用报纸将培养皿包好，在37℃培养箱中培养24h后观察。

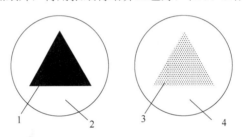

图3-5　测定紫外线对微生物生长的影响

1—黑纸；2—紫外线照射区；3—遮盖黑纸处有细菌生长；4—紫外线照射处无细菌生长

4. 温度实验

① 取6套空白平板，在平板底部中央用记号笔划线，分别标上大肠埃希菌、金黄色葡萄球菌，如图3-6所示。

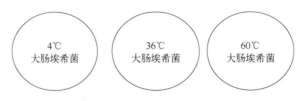

图3-6　测定培养温度对微生物生长的影响

② 在上述各区域分别划线接种相应菌种。各取1套平板倒置于4℃、36℃及60℃保温培养24h，观察细菌在不同温度的生长情况。

5. 测定pH对微生物生长的影响

用移液枪吸取0.1mL培养18h的大肠埃希菌菌液和0.1mL培养18h的金黄色葡萄球菌菌液，分别接入pH为3.0、5.0、7.0、9.0、11.0的培养基中，混匀后在37℃培养48h后观察是否生长。

任务拓展

1. 哪些环境因素会影响微生物的生长？
2. 工业生产中是如何利用温度对微生物的影响来保存食品的？
3. 在食品加工企业，会使用哪些消毒剂进行杀菌？

笔记

实训报告

操作记录		
实训名称： 班级：	姓名：	学号：
1.实验结果记录		
环境因素	条件	结果
化学因素	消毒剂种类	抑菌圈大小/cm
	5%苯酚	
	75%乙醇	
	5%甲醛	
	碘酒	
温度	温度/℃	生长情况
	4	
	36	
	60	
紫外线	紫外线照射	生长情况
pH	不同pH条件	生长情况
	3.0	
	5.0	
	7.0	
	9.0	
	11.0	
2. 实验反思与分析		
操作人：		

知识链接

一、影响微生物生长的环境因素

微生物的生长是微生物与外界环境相互作用的结果。环境条件的改变，在一定的限度内，可使微生物的形态、生理、生长、繁殖等特征发生抵抗或者适应环境条件的某些改变。当环境条件的变化超过一定极限，则会导致微生物的死亡。影响微生物生长的环境因素主要是温度、水、pH、氧气等。

1. 温度

微生物在一定的温度下生长，温度低于最低或高于最高限度时，即停止生长或死亡。就微生物总体而言，其生长温度范围很宽，但各种微生物都有其生长繁殖的最低温度、最适温度、最高温度。各种微生物也有它们各自的致死温度。

根据微生物生长温度范围，通常把微生物分为嗜热型、嗜温型和嗜冷型三大类。嗜热型微生物的最适生长温度在45～58℃。嗜温型微生物的最适生长温度在25～43℃，其中腐生性微生物的最适生长温度为25～30℃，哺乳动物寄生性微生物的最适温度为37℃左右。嗜冷型微生物又称嗜冷微生物，其最适生长温度在10～18℃，冷藏食物的腐败往往是这类微生物作用的结果。

在适宜温度范围以外，过高和过低的温度对微生物的影响不同。高于最高温度界限时，引起微生物原生质胶体的变性、蛋白质和酶的损伤、变性，停止生长或出现异常形态，最终导致死亡。因此，高温对微生物具有致死作用。各种微生物对高温的抵抗力不同，同一种微生物又因发育形态和群体数量、环境条件不同而有不同的抗热性。

当环境温度低于微生物生长最低温度时，微生物代谢速率降低，进入休眠状态，但原生质结构通常并不被破坏，不致很快死亡，能在一段较长时间内保存其生活力，提高温度后，仍可恢复其正常生命活动。在微生物学研究工作中，常用低温保藏菌种。但有的微生物在冰点以下就会死亡，即使能在低温下生长的微生物，低温处理时，开始也有一部分死亡。因此，低温具有抑制或杀死微生物生长的作用，低温保藏食品是最常用的方法。

2. 氢离子浓度（pH）

微生物的生命活动受环境酸碱度的影响较大。每种微生物都有最适宜的 pH 值和一定的 pH 适应范围。大多数细菌、藻类和原生动物的最适宜 pH 为 6.5～7.5，在 pH 4.0～10.0 之间也能生长。pH 5.0～6.0 的酸性环境较适宜酵母菌和霉菌生长，但其在 pH 1.5～10.0 之间都能生长，如表 3-1 所示。有些细菌可在很强的酸性或碱性环境中生存，例如有些硝化细菌则能在 pH11.0 的环境中生存，氧化硫硫杆菌能在 pH 1.0～2.0 的环境中生存。

各种微生物处于最适 pH 范围时酶活性最高，如果其他条件也适合，那么微生物的生长速率也最高。当低于最低 pH 值或超过最高 pH 值时，将抑制微生物生长甚至导致死亡。

表 3-1　多种微生物的最低、最适与最高 pH 值范围

微生物	pH 值		
	最低	最适	最高
圆褐固氮菌	4.5	7.4～7.6	9.0
大豆根瘤菌	4.2	6.8～7.0	11.0

续表

微生物	pH 值		
	最低	最适	最高
亚硝酸细菌	7.0	7.8～8.6	9.4
氧化硫硫杆菌	1.0	2.0～2.8	4.0～6.0
嗜酸乳酸杆菌	4.0～4.6	5.8～6.6	6.8
放线菌	5.0	7.0～8.0	10.0
酵母菌	3.0	5.0～6.0	8.0
黑曲霉	1.5	5.0～6.0	9.0

微生物在基质中生长，由于代谢作用而引起的物质转化，也能改变基质的氢离子浓度。例如乳酸细菌分解葡萄糖产生乳酸，因而增加了基质中的氢离子浓度，酸化了基质。尿素细菌水解尿素产生氨，碱化了基质。为了维持微生物生长过程中 pH 值的稳定，在配制培养基时，要注意调节培养基的 pH 值，以适合微生物生长的需要。

某些微生物在不同 pH 值的培养液中培养，可以启动不同的代谢途径、积累不同的代谢产物，因此，环境 pH 还可调控微生物的代谢。例如酿酒酵母（Saccharomyces cerevisiae）生长的最适 pH 值为 4.5～5.0，并进行乙醇发酵，不产生甘油和醋酸。当 pH 值高于 8.0 时，发酵产物除乙醇外，还有甘油和醋酸。因此，在发酵过程中，根据不同的目的，采用改变其环境 pH 的方法，以提高目的产物的生产效率。

3. 湿度、渗透压与水活度

湿度一般是指环境空气中含水量的多少，有时也泛指物质中所含水分的量。一般的生物细胞含水量在 70%～90%。湿润的物体表面易长微生物，这是由于湿润的物体表面常有一层薄薄的水膜，微生物细胞实际上就生长在这一水膜中。放线菌和霉菌基内菌丝生长在水溶液或含水量较高的固体基质中，气生菌丝则暴露在空气中，因此，空气湿度对放线菌和霉菌等微生物的代谢活动有明显的影响。如基质含水量不高、空气干燥，胞壁较薄的气生菌丝易失水萎蔫，不利甚至可终止代谢活动，空气湿度较大则有利于生长。酿造工业中，制曲的曲房要接近饱和湿度，促使霉菌旺盛生长。长江流域梅雨季节，物品容易发霉变质，主要原因是空气湿度大（相对湿度在 70%以上）和温度较高。较大湿度更利于细菌在空气中生存和传播。环境干燥可使细胞失水而造成代谢停止乃至死亡，人们广泛应用干燥方法保存纺织品与食品等，其实质就是夺细胞之水，从而防止微生物生长引起霉腐。

细胞内溶质浓度与细胞外溶质浓度相等时的状态，称为等渗状态。溶液的溶质浓度高于胞内溶质浓度，则称为高渗溶液，能在此环境中生长的微生物，称为耐高渗微生物。当溶质浓度很高时，细胞就会脱水，发生质壁分离，甚至死亡。盐渍（5%～30%食盐）和蜜渍（30%～80%糖）可以抑制或杀死微生物，这是一些常用食品保存方法的依据。若溶液的溶质浓度低于胞内溶质浓度，则称为低渗溶液。微生物在低渗溶液中，水分向胞内转移，细胞膨胀，甚至胀破。

微生物生长所需要的水分是指微生物可利用之水，如微生物虽处于水环境中，但若其渗透压很高，即便有水，微生物也难以利用。这就是渗透压对微生物生长的重要性的根本原因，因此，水活度是影响微生物生长的重要因子。

4. 氧气

氧气与微生物的关系十分密切，对微生物生长的影响极为明显。研究表明，不同类群的微生物对氧需求不同，可根据微生物对氧的不同需求，把微生物分成如下几种类型：专性好氧菌、兼性厌氧菌、微好氧菌、耐氧菌、厌氧菌等。

二、微生物生长的控制

1. 高温灭菌

食品工业中常用的灭菌方法较多，分为干热灭菌法和湿热灭菌法，湿热灭菌法主要是通过热蒸汽杀死微生物，由于热蒸汽的穿透力较热空气强，故在同一温度下效果比干热法好。

（1）干热灭菌法

① 火焰灭菌法。特点是灭菌快速、彻底。常用于接种工具和污染物品的灭菌，如微生物接种时使用的接种环。

② 干热空气灭菌法。主要在干燥箱中利用热空气进行灭菌。通常160℃处理2h即可达到灭菌的目的。适用于玻璃器皿、金属用具等耐热物品的灭菌。

（2）湿热灭菌法

① 煮沸消毒法。物品在100℃水中煮沸15min以上，可杀死细菌的营养细胞和部分芽孢，如在水中加入1%碳酸钠或2%～5%苯酚，则效果更好。这种方法适用于注射器等的消毒。

② 巴氏杀菌。杀菌的温度一般在60～85℃，处理15～30min，可以杀死微生物的营养细胞，但不能达到完全灭菌的目的，用于不适于高温灭菌的食品，如牛乳、酱腌菜类、果汁、啤酒、果酒和蜂蜜等，其主要目的是杀死其中无芽孢的病原菌（如牛奶中的结核杆菌或沙门杆菌），而又不影响食品的风味。

③ 超高温瞬时杀菌法。杀菌的温度在135～137℃，时间3～5s，可杀死微生物的营养细胞和耐热性强的芽孢细菌，但对污染严重的鲜乳，在142℃以上时才有较好的杀菌效果。超高温瞬时杀菌法现广泛用于各种果汁、牛乳、花生乳、酱油等液态食品的杀菌。

④ 高压蒸汽灭菌法。高压蒸汽灭菌法是实验室和罐头工业中常用的灭菌方法。高压蒸汽灭菌是在高压蒸汽锅内进行的，锅有立式和卧式两种，原理相同，锅内蒸汽压力升高时，温度升高。一般采用1.034×10^5Pa的压力，121.1℃处理15～30min，也有的采用较低温度（115℃）处理30min左右，均可达到杀菌目的。罐头工业中要根据食品的种类和杀菌的对象、罐装量的多少等决定杀菌方式。实验室常用于培养基、各种缓冲液、玻璃器皿及工作服等的灭菌。

⑤ 间歇灭菌法。间歇灭菌法是用流通蒸汽反复灭菌的方法，常常温度不超过100℃，每日一次，加热时间为30min，连续三次灭菌，杀死微生物的营养细胞。每次灭菌后，将灭菌的物品在28～37℃培养，促使芽孢发育成为繁殖体，以便在连续灭菌中将其杀死。

2. 辐射

辐射是电磁波，包括无线电波、可见光、X射线、γ射线和宇宙射线等。大多数微生物不能利用辐射能源，辐射往往对微生物有害。

太阳光除可见光外，也包括长波的红外线和短波的紫外线。微生物直接暴晒在阳光中，红外线产生热量，通过提高环境中的温度和引起水分蒸发而起干燥作用，间接地影响微生物的生长。短波的紫外线则具有直接杀菌作用。

紫外线是非电离辐射，不同波长的紫外线具有不同程度的杀菌力，一般以250～280nm波长的紫外线杀菌力最强，可作为强烈杀菌剂，如在医疗卫生和无菌操作中广泛应用的紫外杀菌灯管。紫外线对细胞的杀伤作用主要是由于细胞中DNA能吸收紫外线，形成嘧啶二聚体，DNA 复制异常而产生致死作用。

高能电磁波如 X 射线、γ 射线、α 射线和 β 射线的波长更短，也称为电离辐射。电离辐射作用于细胞内大分子，使之失活。

3. 超声波

超声波是超过人能听到的最高频（20000Hz）的声波，在多个领域具有广泛的应用。适度的超声波处理微生物细胞，可促进微生物细胞代谢。强烈的超声波处理可致细胞破碎。超声波的杀菌效果及对细胞的其他影响与频率、处理时间、微生物种类、细胞大小、形状及数量等均有关系。杆菌比球菌、丝状菌比非丝状菌、体积大的菌比体积小的菌更易被超声波破坏，而病毒和噬菌体较难被破坏，细菌芽孢具更强的抗性，大多数情况下不受超声波影响。一般来说，高频率比低频率杀菌效果好。

4. 消毒剂、杀菌剂与化学治疗剂

某些消毒剂、杀菌剂与化学治疗剂对微生物生长有抑制或致死作用。其具体作用效果因胞外毒性、进入细胞的透性、作用的靶位和微生物的种类不同而异，同时也受其他环境因素的影响。有些消毒剂与杀菌剂在高浓度时是杀菌剂，在低浓度时可能被微生物利用作为养料或生长刺激因子。对微生物的杀伤或致死具有广谱性，且在实践中常用的消毒剂、杀菌剂和与微生物关系密切的化学治疗剂的抑菌或杀菌机制如下。

（1）氧化剂　高锰酸钾、过氧化氢、漂白粉和氟、氯、溴、碘及其化合物都是氧化剂。通过它们的强烈氧化作用可以杀死微生物。高锰酸钾是常见的氧化消毒剂。一般以 0.1% 溶液用于皮肤、水果、饮具、器皿等消毒，但需在应用时配制。碘具有强穿透力，能杀伤细菌、芽孢和真菌，是强杀菌剂。氯气可作为饮用水或游泳池水的消毒剂。

（2）还原剂　如甲醛是常用的还原性消毒剂，它能与蛋白质的酰基和巯基起反应，引起蛋白质变性。商用福尔马林是含 37%～40% 的甲醛水溶液，5%的福尔马林常用作动植物标本的防腐剂。福尔马林也用作熏蒸剂，每立方米空间用 6～10mL 福尔马林加热熏蒸就可达到消毒目的，也可在福尔马林中加 1/10～1/5 高锰酸钾使其气化，进行空气消毒。

（3）表面活性物质　具有降低表面张力效应的物质被称为表面活性物质。乙醇、苯酚、煤酚皂（来苏儿）以及各种具有强表面活性的洁净消毒剂，如新洁尔灭等都是常用的消毒剂。乙醇只能杀死营养细胞，不能杀死芽孢。70%的乙醇杀菌效果最好，70%以上至无水乙醇效果较差。无水乙醇可能与菌体接触后迅速脱水，表面蛋白质凝固形成了保护膜，阻止了乙醇分子进一步渗入细胞内。浓度低于70%时，其渗透压低于菌体内渗透压，也影响乙醇进入细胞内，因此这两种情况都会降低杀菌效果。苯酚（石炭酸）及其衍生物有强杀菌力，它们主要是使蛋白质变性，同时又具有表面活性剂的作用，破坏细胞膜的透性，使细胞内含物外泄。5%的苯酚溶液可用作喷雾以消毒空气。微生物学中常以苯酚作为比较各种消毒剂杀菌力的标准。新洁尔灭是一种季铵盐，能破坏微生物细胞的渗透性，0.25%的新洁尔灭溶液可以用作皮肤及种子表面消毒。

（4）重金属盐类　大多数重金属盐类都是有效的杀菌剂或防腐剂。其中作用最强的是 Hg、Ag 和 Cu。它们易与细胞蛋白质结合使其变性沉淀，或能与酶的巯基结合而使酶失去活性。

汞的化合物如二氯化汞（$HgCl_2$），又名升汞，是强杀菌剂和消毒剂。0.1%的 $HgCl_2$ 溶液对大多数细菌有杀菌作用，用于非金属器皿的消毒。红汞（汞溴红）配成的红药水则用作创伤消毒剂。汞盐对金属有腐蚀作用，对人和动物亦有剧毒。银盐是较温和的消毒剂，医药上常用 0.1%～1%的硝酸银溶液消毒皮肤。铜的化合物如硫酸铜对真菌和藻类的杀伤力较强，

常用硫酸铜与石灰配制的溶液来抑制农业真菌、螨以及防治某些植物病害。一些常用的表面消毒剂如表 3-2 所示。

表 3-2 一些常用的表面消毒剂

类别	实例	常用浓度	应用范围
醇	乙醇	70%	皮肤消毒
酸	食醋	$3\sim5mL/m^3$	熏蒸消毒空气、预防流感
碱	石灰水	1%～3%	粪便消毒
酚	苯酚	5%	空气消毒（喷雾）
	煤酚皂	3%～5%	皮肤消毒
醛	福尔马林（原液）	$6\sim10mL/m^3$	接种箱、厂房熏蒸
重金属盐	二氯化汞	0.1%	植物组织等外表消毒
	硝酸银	0.1%～1%	新生儿眼药水等
	汞溴红	2%	皮肤小创伤消毒
氧化剂	$KMnO_4$	0.1%～3%	皮肤、水果、茶杯消毒
	H_2O_2	3%	清洗伤口
	氯气	$0.2\sim1\mu g/L$	自来水消毒
	漂白粉	1%～5%	洗刷培养室、饮水消毒
表面活性剂	新洁尔灭（季铵盐表面活性剂）	0.25%	皮肤消毒
染料	龙胆紫（紫药水）	2%～4%	外用药水

模块二

食品微生物检验技术

项目四

食品微生物实验室的质量控制

> **项目导入**
>
> 　　微生物种类多、分布广,在食品生产过程的多个环节都可能对食品造成污染,食品微生物污染的发生将对人体健康造成严重的危害,因此食品微生物检验工作对评价食品安全质量,保障人民饮食安全、生命健康乃至国家安全都有着极为重要的作用。
>
> 　　绝大多数食品出厂前必须进行微生物检验,确保食品质量安全,这就对微生物实验室提出了更高的要求。食品微生物实验室设计分区、所需仪器设备使用与维护,以及实验室环境和人员卫生状况评价,是食品微生物检验工作中非常重要的环节,是实验室安全和检验结果可靠的质量保证。

> **学习目标**
>
> **素质目标**　　具备标准意识、规范意识,爱岗敬业的精神和热爱劳动的品质。
>
> **知识目标**　　了解食品微生物实验室基本要求,熟悉微生物实验所需的各种常用仪器设备的使用方法及日常维护,掌握实验室环境及人员卫生要求。
>
> **能力目标**　　初步学会食品微生物实验室的设计分区及基本要求,能熟练操作常用仪器设备并能做好日常维护,能对实验室环境及人员卫生状况进行评价。

任务一　食品微生物实验室的设计

任务目标

1. 掌握食品微生物实验室的基本要求。
2. 学会食品微生物实验室的分区设计。

任务实施

一、选址

① 设在清洁安静的场所,远离生活区、锅炉房与交通要道。
② 选择在光线充足、通风良好的场所,要与生产加工车间有一定距离。
③ 选择在方便取样与检验,距离车间较近的工作场所。

二、分区设计

按照配制培养基→灭菌→分离或接种→培养→检验→保存或处理的顺序进行平面布局,采用单方向工作流程,避免交叉污染,相应安排洗涤消毒室、培养基配制室、无菌室、培养室、检查室、菌种保存室。

1. 办公室的设计

办公室是进行原始记录等各项工作的场所,应设在整体实验室的最外层,只需有桌、椅等简单设施即可,应与实验区域明显分开。

2. 洗涤消毒室的设计

洗涤消毒室用以消毒洗涤待用与已用的玻璃器皿、培养基及污物,其面积应大于10m²。室内地面需为光滑材质,墙角及拐弯应设计为弧形,便于清洗。室内应设有:①1~2个洗涤池;②干燥架,设于洗涤池边;③高压灭菌锅,其所用电源应满足用电负荷;④通风装置或换气扇;⑤蒸馏水器装置。

3. 培养基配制室的设计

培养基配制室是制作、配制微生物培养所需培养基及检验用试剂的场所,其主要设备应为实验台和药品柜。①实验台材料要耐高热、耐酸碱。②放置天平,以称取药品。放置电炉,以融化煮沸培养基。③药品柜,存放一般药品及试剂。

4. 无菌室的设计

无菌室通过空气的净化和空间的消毒为微生物实验提供一个相对无菌的工作环境,无菌室是处理样品和接种培养的主要工作间,应与培养基配制室紧密相连。无菌室入口避开走廊。无菌室主要包括以下构造。

(1) 无菌间　无菌间的面积不宜过大,一般4~5m²,高度不超过2.5m。室内地面、墙面均要光滑整洁,墙角及拐弯处应设计为弧形,便于清洗。门要设在离操作台最远的地方,为减少空气波动,可设拉门。应在离操作台较远的位置设通气窗,所有窗户、通风口和风机开口均应装上防护网。有条件的可安装空气过滤器。

在离门最远的位置设无菌操作台，台面要平整光滑，操作台的上方，应安装紫外线杀菌灯及照明日光灯，灯的高度以距地面 2m 为宜。也可放置超净工作台、生物安全柜。

（2）缓冲间　无菌间与外间操作室用 1～2 个缓冲间隔开，内设衣帽柜，工作人员在此做好换衣帽、拖鞋等准备工作后进入无菌间，减少将杂菌带入无菌间的机会。缓冲间的门要与无菌间的门错开，并避免同时开门，以防止外界空气直接进入无菌间。房间中央离地面 2 m 高处，应安装紫外线杀菌灯。

（3）风淋室　为了保证外界的尘埃不被带入洁净工作区内，在缓冲间进入无菌间入口处配置风淋室，装有风淋自控系统，进入人员先经风淋处理，从而有效地控制无菌间的洁净程度。

（4）传递窗　设在内外间墙壁上，用于无菌间与外界的物品传递。传递窗内外门不能同时开启，应执行"一开一闭"规则。

5. 培养室的设计

培养室是培养微生物的房间，它的大小可根据实验或生产规模确定。培养室要求干净、通风、保温，室内放置培养箱。培养室密封性能要好，便于灭菌消毒，最好有通风换气装置，使用时定期开窗通风。

6. 检查室的设计

检查室一般为 30～60m² 的房间，可根据实验室人数或实验规模确定，内有实验台和水槽、若干个电源插座。显微镜等设备放置于适当的位置上。

7. 菌种保存室的设计

菌种保存室是贮藏和存放菌种的场所，其大小可根据菌种量而定。要求清洁、干燥，应配备冰箱或超低温冰箱，主要用于保藏菌种和其他物品。

 任务拓展

1. 简述食品微生物实验室设计要点。
2. 简述无菌室的设计要求。

笔记

实训报告

1. 请根据食品微生物实验室要求,实地检查某一微生物实验室的洗涤消毒室、培养基配制室、无菌室和培养室,列举其不符合项,并提出整改意见。

操作记录		
实训名称: 班级:　　　　　　姓名:　　　　　　学号:		
	不符合项	整改意见
洗涤消毒室		
培养基配制室		
无菌室	无菌间		
	缓冲间		
培养室		

2. 请针对食品微生物实验室的组成和功能,依据实验室布局应采用单方向工作流程、避免交叉污染的原则,对实验室的洗涤消毒室、培养基配制室、无菌室(包括无菌间、缓冲间、风淋室)和培养室进行划区设计。

食品微生物实验室划区设计
班级:　　　　　　　姓名:　　　　　　　学号:

知识链接

一、实验室环境基本要求

1. 检验人员

① 应具有相应的微生物专业教育或培训经历,具备相应的资质,能够理解并正确实施检验。

② 应掌握实验室生物安全操作和消毒知识。

③ 应在检验过程中保持个人整洁与卫生,防止人为污染样品。

④ 应在检验过程中遵守相关安全措施的规定,确保自身安全。

⑤ 有颜色视觉障碍的人员不能从事涉及辨色的实验。

2. 环境与设施

① 实验室环境不应影响检验结果的准确性。

② 实验区域应与办公区域明显分开。

③ 实验室工作面积和总体布局应能满足从事检验工作的需要,实验室布局宜采用单方向工作流程,避免交叉污染。

④ 实验室内环境的温度、湿度、洁净度及照度、噪声等应符合工作要求。

⑤ 食品样品检验应在洁净区域进行,洁净区域应有明显标示。

⑥ 病原微生物分离鉴定工作应在二级或二级以上生物安全实验室进行。

3. 实验设备

① 实验设备应满足检验工作的需要。食品微生物实验室常用仪器设备有:高压蒸汽灭菌锅、超净工作台、培养箱、恒温水浴锅、生物安全柜、显微镜、微量移液器、冰箱、天平、均质器等。

② 实验设备应放置于适宜的环境条件下,便于维护、清洁、消毒与校准,并保持整洁与良好的工作状态。

③ 实验设备应定期进行检查和/或检定(加贴标识)、维护和保养,以确保工作性能和操作安全。

④ 实验设备应有日常监控记录或使用记录。

4. 检验用品

① 检验用品应满足微生物检验工作的需求。

② 检验用品在使用前应保持清洁和/或无菌。

③ 需要灭菌的检验用品应放置在特定容器内或用合适的材料(如专用包装纸、铝箔纸等)包裹或加塞,应保证灭菌效果。

④ 检验用品的储存环境应保持干燥和清洁,已灭菌与未灭菌的用品应分开存放并明确标识。

⑤ 灭菌检验用品时应记录灭菌的温度与持续时间及有效使用期限。

二、食品微生物检验的范围

食品微生物检验的范围包括以下几个方面:

① 生产环境的检测,包括生产车间用水、空气、地面、墙壁、操作台等。

② 原、辅料的检测，包括动植物食品原料、食品添加剂、包装材料等原辅料。

③ 食品加工过程、贮藏、销售等环节的检测，包括从业人员的健康及卫生状况、加工器具、管道设备、运输车辆等。

④ 食品的检测，包括对中间产品、出厂食品、可疑食品及食物中毒食品检测。

三、食品微生物检验的意义

食品中丰富的营养成分为微生物的生长、繁殖提供了充足的物质基础，是微生物良好的培养基，因此，微生物污染食品后很容易生长繁殖，导致食品变质，失去其应有的营养成分，同时产生有害有毒物质，一旦人们食用了被微生物污染的食物，会发生各种急性和慢性中毒，甚至有致癌、致畸、致突变作用的远期效应。所以，食品在食用之前必须对其进行微生物检验，这是确保食品质量和食品安全的重要手段，也是食品安全标准中的一项重要内容。食品微生物检验是食品质量监督管理必不可少的重要组成部分。

① 是衡量食品安全质量的重要指标之一，是判断被检测食品能否食用的科学依据之一。

② 可以判断食品加工环境，能够对食品被细菌污染程度作出正确的评价，为各项卫生管理工作提供科学依据，为传染病和食物中毒提供防治措施。

③ 可以有效地减少或防止食物中毒、人畜共患病的发生，保障人民的身体健康。同时，在提高产品质量、避免经济损失、保障出口等方面具有重要意义。

任务二 常用仪器设备的使用与维护

任务目标

1. 学会微生物实验室常见仪器设备的使用。
2. 掌握常见仪器设备的维护方法。

任务实施

一、高压蒸汽灭菌锅的使用

高压蒸汽灭菌锅是利用高压和高热释放的潜热杀菌的设备，是实验室常用的可靠且有效的灭菌设备，可杀灭包括芽孢在内的所有微生物，适用于耐高温、高压、不怕潮湿的物品，如玻璃器皿、药品、培养基等。

1. 操作步骤

① 打开电源，在内外两层锅中间加入适量蒸馏水，至"高水位"指示灯亮即可。

② 待灭菌物品装入灭菌筐，灭菌筐放入灭菌锅内，盖好并拧紧锅盖。

③ 根据要求设置灭菌参数，常用参数为121℃，15～30min。

④ 灭菌开始，此时应打开排气阀，待冷空气排尽后，关上排气阀，锅内压力随之升高，水的沸点提高，达到设置的温度后维持相应的时间。

⑤ 灭菌结束，待压力表的压力降至"0"位时，打开排气阀，打开盖子，取出灭菌物品。

2. 注意事项

① 水要加到指定标度或深度（参考高水位指示灯），过多会延长沸腾时间，降低灭菌功效；过少容易导致灭菌锅因干烧损坏。

② 待灭菌物品不宜装得太挤，以免妨碍蒸汽流通影响灭菌效果，锥形瓶瓶口不可与桶壁接触，以免冷凝水淋湿包口的纸而透入棉塞。

③ 必须将冷空气充分排出，否则锅内温度达不到设置温度，影响灭菌效果。

④ 灭菌完毕，当压力不为"0"时，不能开盖取物，否则压力突降，导致容器内外压力不平衡，内容物冲出锥形瓶瓶口或试管口，棉塞沾染培养基而发生污染，严重时甚至灼伤操作者。

⑤ 高压灭菌锅上的安全阀，是保障安全使用的重要部件，不得随意调节；并注意安全阀不能被高压灭菌物品中的纸等堵塞。

3. 维护方法

① 检查密封圈的橡胶圈，如因老化漏气应及时更换。

② 灭菌锅的排水过滤器（如有）应每天拆下清洗。

③ 定期检查加热管结垢情况，可用弱酸清洗，腐蚀严重应及时更换。

④ 定期检查灭菌效果，每年对设备进行安全检查。

二、超净工作台的使用

超净工作台,又称为净化工作台,是箱式微生物无菌操作工作台,它能确保局部工作区域达到洁净度需求,保护工作区域内操作的样品或产品等不受污染。其工作原理是通过风机将空气吸入预过滤器,经由静压箱进入高效过滤器过滤,将过滤后的空气以垂直或水平气流的状态送出,使操作区域达到百级洁净度,满足实验对环境洁净度的要求。

1. 操作步骤

① 接通超净工作台的电源,检查风机、照明及紫外设备能否正常运行。

② 使用前,关闭玻璃拉门,提前 30min 开启紫外灯对工作区域照射消毒。

③ 紫外灯关闭 20~30min 后开启照明灯,启动风机。

④ 玻璃拉门上拉 15cm 左右,用 75%的酒精或其他消毒剂擦拭台面消毒。

⑤ 操作时,工作区内不允许存放不必要物品,保持工作区的洁净气流不受干扰。

⑥ 操作结束后,清理工作台面,收集废弃物,关闭风机及照明,用 75%的酒精或其他消毒剂擦拭消毒工作台面。

⑦ 最后开启紫外灯,照射消毒 30 min 后关闭,切断电源。

2. 注意事项

① 开启紫外灯后人员应离开,以免紫外线对人体造成伤害。

② 关闭紫外灯后,人员在 20min 后或刺鼻的味道散去后,才能进入工作区域。

3. 维护方法

① 定期将预过滤器中的滤料拆下清洗,一般间隔时间为 3~6 个月。

② 定期对周围环境进行灭菌,定期用纱布蘸酒精擦拭紫外灯,保持其表面清洁,以免影响灭菌效果。

③ 每月测量一次工作区平均风速,如发现不符合技术标准,应调节调压器,使工作台处于最佳状态。若风速仍达不到 0.3m/s,则必须更换高效空气过滤器。

三、培养箱的使用

培养箱是用于培养微生物的设备,具有制冷和加热双向调温系统,温度可控,是微生物、植物、遗传、病毒、医学、环保等领域研究不可缺少的实验室设备,广泛应用于细菌、霉菌等微生物的培养、保存,植物栽培、育种实验等。

1. 操作步骤

① 培养箱应放置在清洁整齐、干燥通风的工作间内。检测人员需仔细阅读使用说明,了解、熟悉培养箱功能。

② 使用前,面板上的各控制开关均应处于非工作状态。

③ 在培养架上放置试验样品,放置时各试瓶(或器皿)之间应保持适当间隔,以利冷(热)空气的对流循环。

④ 接通外电源,将电源开关置于"开"的位置,指示灯亮。

⑤ 设置培养温度。

2. 注意事项

① 停止使用培养箱时,应拔掉电源插头。

② 培养箱距墙壁的最小距离应大于 10cm,以确保制冷系统散热良好。

③ 室内应干燥，通风良好，相对湿度保持在85%以下，不应有腐蚀性物质存在，避免阳光直接照射在培养箱上。

④ 所用电源必须具有可靠地线，确保培养箱地线与电源的地线接触可靠，防止漏电造成的危害。

四、恒温水浴箱的使用

恒温水浴箱在微生物检验中为血清学试验常用仪器。由金属制成，长方形，箱内盛以温水，箱底装有电热丝，由自动调节温度装置控制。水浴箱盖呈斜面，以便水蒸气凝结的水沿斜面流下，以免水滴落入箱内的标本中。箱内水至少两周更换一次，并注意洗刷清洁箱内沉积物。

1. 操作步骤

① 关闭放水阀门，水浴箱注入清水至适当深度（水位不能低于电热管，否则会烧坏电热管）。

② 将电源插头接在插座上（接好地线）。

③ 设置温度。接通电源，开启电源开关，通过按键设置温度，红灯亮表示电炉丝加热。

2. 注意事项

① 电器内部不可受潮，以防漏电损坏。

② 使用时应随时注意水箱是否有渗漏现象。

五、生物安全柜的使用

生物安全柜是负压的净化工作台，是能防止实验操作过程中某些危险性或未知性生物微粒发生气溶胶逸散的箱型空气净化负压安全装置。其工作原理主要是将柜内空气向外抽吸，使柜内保持负压状态，通过垂直气流来保护工作人员；外界空气经高效空气过滤器过滤后进入安全柜内，以避免处理样品被污染；柜内的空气也需经过HEPA过滤器（高效空气过滤器）过滤后再排放到大气中，以保护环境。超净工作台主要保护样品与操作人员，而生物安全柜可保护样品、人员及环境。

1. 操作步骤

① 接通电源。用75%的酒精或其他消毒剂全面擦拭安全柜内的工作平台。

② 将实验物品按要求摆放到安全柜内。

③ 关闭玻璃门，打开电源开关，开启紫外灯对实验物品表面进行消毒。

④ 消毒完毕后，设置到安全柜工作状态，打开玻璃门，使机器正常运转。设备完成自净过程并运行稳定后即可使用。

⑤ 完成工作，取出废弃物后，用75%的酒精或其他消毒剂擦拭柜内工作平台。维持气流循环一段时间，以便将工作区污染物排出。

⑥ 关闭玻璃门，关闭照明灯，打开紫外灯进行柜内消毒。消毒完毕，关闭电源。

2. 注意事项

① 前排和后排的回风格栅上不能放置物品，以防止堵塞回风格栅，影响气流循环。

② 在开始工作前及完成工作后，需维持气流循环一段时间，完成安全柜的自净过程，每次试验结束应对柜内进行清洁和消毒。

③ 操作过程中，尽量减少双臂进出次数，双臂进出安全柜时动作应该缓慢，避免影响正

常的气流平衡。

④ 安全柜内不能使用明火，以防燃烧过程中产生的高温细小颗粒杂质带入滤膜而损伤滤膜。

3. 维护方法

① 每次使用前后应对安全柜工作区进行清洁和消毒。

② HEPA 过滤器的使用寿命到期后，应由接受过生物安全柜专门培训的专业人员更换。

③ 以下情况，应对生物安全柜进行安全检测：安装完毕投入使用前；一年一度的常规检测；当安全柜移位后；更换 HEPA 过滤器和内部部件维修后。

六、微量移液器的使用

微量移液器是用来量取 0.1μL～10mL 体积液体的精密仪器，是生物、食品、化学、环境、临床试验等分析过程中样本采集和移取的必备工具。它的特点是：精确度高；操作简单；适用液体种类广，适用于水、缓冲液、稀释的盐溶液和酸碱溶液。

微量移液器可根据不同分类标准进行分类：按照操作方式可分为手动移液器和电动移液器；按照容量分类可分为固定容量式移液器和可调容量式移液器；按照通道数分类可分为单通道移液器和多通道移液器。

1. 操作步骤

① 微量移液器的选择：根据需求选择相应的微量移液器。通常情况下选择 35%～100%范围进行操作，选择这个量程对操作者的操作技巧依赖较低，同时可保证移液的准确性和精度。

② 调节量程：遵循由大到小原则，当由大量程调至小量程时，通过调节按钮迅速调至需要量程，在接近理想值时，将微量移液器横放调至预定值。当由小量程调至大量程时，需注意应先旋转至超过预定值，再回调到预定值。

③ 安装吸头：采用旋转安装法，将微量移液器末端垂直插入吸头，轻轻用力压，逆时针旋转 180°安装，切勿用力过猛。

针对黏稠或易挥发液体，需要预洗吸头，先吸取样品，然后排回样品容器，重复 4～6 次。

④ 吸取液体：吸液前排空吸头，将微量移液器按至第一停点，垂直浸入液面以下，浸入深度与移液器规格有关，如 1000μL 吸头应浸入 3～6mm，吸液时注意慢吸慢放，缓慢松开控制按钮，切勿用力过猛，否则液体进入吸头过速会导致液体倒吸入移液器内部，或产生气泡，导致移液体积不准确。

吸液后，将移液器提离液面，停留约 1s。观察是否有液滴缓慢流出。若有流出，说明有漏气现象。原因一般为吸头未上紧，移液器内部气密性不好。

⑤ 放液：放液时吸头紧贴容器内壁并倾斜 10°～40°，先将操作按钮按至第一停点，稍微停顿 1s，待剩余液体聚集后，再按至第二停点将剩余液体全部压出。

放液完毕，按压微量移液器退吸头按钮卸去吸头。最后将微量移液器旋至最大量程。将移液器挂在移液器架上。

2. 注意事项

① 使用前，要注意检查是否有漏液现象。

② 不要用大量程的移液器移取小体积的液体，应该选择合适的量程范围，以免影响

准确度。

③ 吸液时，慢吸慢放。

④ 装配吸头时，应选择与移液器匹配的吸头；力量要适中，用力过猛会导致吸头难以脱卸。

⑤ 不要直接按到第二停点吸液，一定要按到第一停点垂直进入液面几毫米吸液。

⑥ 不要使用丙酮或强腐蚀性的液体清洗移液器。

 任务拓展

1. 讨论超净工作台的使用注意要点。
2. 简述高压蒸汽灭菌锅的使用方法。

笔记

实训报告

食品微生物实验室配置的仪器设备应放置于适宜的环境条件下,并保持整洁与良好的工作状态。为确保其工作性能良好和操作安全,请按照相关要求检查设备本身及其工作环境,以及是否处于可正常运行状态,列举其不符合项,并提出整改意见。

操作记录		
实训名称: 班级:	姓名:	学号:
	不符合项	整改意见
高压蒸汽灭菌锅		
超净工作台		
培养箱		
恒温水浴箱		
生物安全柜		
微量移液器		

任务三　洁净区空气洁净程度测定

任务目标

学会对食品微生物实验室空气洁净程度进行测定，并完成检验报告。

任务实施

一、洁净度分级标准

洁净区空气洁净度分级标准见表 4-1。

表 4-1　洁净区空气洁净度分级标准（沉降菌 ϕ90mm，0.5h）

每皿菌落数/个	空气洁净级别
≤1	100
≤3	10000
≤10	100000
≤15	300000

二、设备与材料准备

1. 设备

恒温培养箱（36℃±1℃）、霉菌培养箱（28℃±1℃）、冰箱（2～5℃）、恒温水浴箱（46℃±1℃）、天平（感量为 0.1g）、超净工作台、高压蒸汽灭菌锅。

2. 材料

①无菌吸管：1mL（具 0.01mL 刻度）、10mL（具 0.1mL 刻度）；或微量移液器及吸头。②无菌锥形瓶：容量 250mL、500mL。③无菌培养皿：直径 90mm。④无菌试管：18mm×180mm。⑤无菌均质袋。⑥pH 计或精密 pH 试纸。

3. 样品

空气。

三、培养基与试剂配制

1. 配制营养琼脂培养基

称取蛋白胨 10.0g、牛肉粉 3.0g、氯化钠 5.0g 溶解于 1000mL 蒸馏水中，调节 pH 至 7.4～7.6，加入琼脂，煮沸溶解，分装，121℃高压灭菌 20min。

2. 配制改良马丁培养基

称取蛋白胨 5.0g、酵母粉 2.0g、葡萄糖 20.0g、磷酸氢二钾 1.0g、硫酸镁 0.5g 溶解于 1000mL 蒸馏水中，调节 pH 至 6.2～6.6，加入琼脂 15g，加热溶解，分装，121℃高压灭菌 15min。

四、操作步骤

1. 采样

洁净区洁净程度测定的最少采样点数取决于被测空间的面积及其洁净度级别,具体见表 4-2。确定采样点数后,可参考图 4-1 进行采样点布置。

表 4-2 最少采样点数

面积 /m²	洁净度级别			
	100	10000	100000	300000
<10	2~3	2	2	2
10~20	4	2	2	2
20~40	8	2	2	2
40~100	16	4	2	2
100~200	40	10	3	3
200~400	80	20	6	6

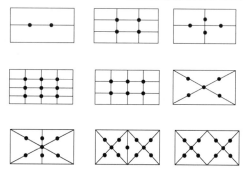

图 4-1 采样点布置

采样时,将含营养琼脂培养基和改良马丁培养基的平板(直径 9cm)分别置于采样点(约桌面高度,距离地面 80~120cm),打开平皿盖,使平板在空气中暴露 30min。

2. 接种培养

含营养琼脂培养基平板于 35 ℃±2 ℃培养 48 h,观察结果,计数平板上细菌菌落数;含改良马丁培养基平板 28 ℃±2 ℃培养 5 d,观察结果,计数平板上霉菌菌落数。

3. 结果判定

根据细菌和霉菌菌落数,参照洁净区空气洁净程度分级标准,判定被检区域是否符合洁净要求。

 任务拓展

1. 洁净区空气洁净度的测定原理是什么?
2. 无菌室空气洁净程度检测时应如何采样?
3. 空气消毒方法有哪些?

实训报告

操作记录

实训名称：
班级：　　　　　　　　姓名：　　　　　　　　学号：

培养基及试剂配制

时间	培养基（试剂）名称	成分质量/g	配制量/mL	pH 值	分装体积/规格/mL	数量/瓶（管）	灭菌温度/℃	灭菌时间/min	配制人	备注

检验记录单

检测项目：　　　　　　　　　　　　检测日期：

取样位置	用"A"标注微生物采样点位置	采样时间（注：采样时间指平均每皿暴露在空气中的时间）

操作步骤及反思：

结果记录及评价

数量	培养皿编号			平均值	洁净度级别
细菌菌落数/（CFU/皿）					
霉菌菌落数/（CFU/皿）					

检测人：　　　　　　　　　　　　复核人：

知识链接

空气中不含微生物生长可直接利用的营养物质及充足的水分,加上日光中紫外线的照射,空气并不是微生物生活的天然环境,所以洁净空气中微生物含量很低。但是,绝大多数环境的空气都含有数量不等、种类不同的微生物,其主要来源于土壤、水、人和动植物体表的脱落物和呼吸道、消化道的排泄物等,这些微生物随风飘扬而悬浮在大气中或附着在飞扬起来的尘埃或液滴上。

不同环境空气中微生物的数量和种类有很大差异。空气中的尘埃越多,所含微生物的数量也就越多,如街道、屠宰场等场所的空气中微生物数量较高,室内污染严重的空气微生物数量可达 $10^6 CFU/m^3$。

食品企业洁净区域的空气洁净程度对保证检验结果准确性有着十分重要的意义,因此,企业会定期监控微生物实验室的洁净区洁净程度,测定空气中的微生物数量。通常洁净度可通过空气直接沉降法进行测定,其原理是空气中微生物一般吸附在尘埃中,由于地心引力作用尘埃会下沉到地面或物体表面。

若洁净程度不符合要求,在密闭的场所内,可采用稀释的消毒液喷雾,以达到灭菌或使其沉降的目的。用紫外线照射无菌室,也可以杀死空气中的微生物,时间应不少于 45min,还应注意关闭紫外灯后不能立即开日光灯,应保持 15min 左右的黑暗,从而彻底杀死微生物。

此外,还可以应用熏蒸法来消灭空气中的微生物,最常用的消毒剂是福尔马林。在密闭的房间内,取高锰酸钾 1 份置于一较深的缸中,加入福尔马林两份,操作者迅速退出,将房门关紧,24h 后开门通气,消毒结束。每 1000m³ 的空间应使用高锰酸钾 250g 和福尔马林 500mL。因为福尔马林刺激性过大,可以乳酸熏蒸代之,效果也很好。

任务四　操作人员手的卫生状况测定

任务目标

学会对食品微生物实验室操作人员手的卫生状况进行测定，并完成检验报告。

任务实施

一、检验项目及限量

检验项目及限量见表 4-3。

表 4-3　检验项目及限量

项目	限量
每只手菌落总数/CFU	300
大肠菌群	不得检出

二、设备与材料准备

1. 设备

恒温培养箱（36℃±1℃）、冰箱（2～5℃）、恒温水浴箱（46℃±1℃）、天平（感量为0.1g）、超净工作台、高压蒸汽灭菌锅。

2. 材料

①无菌吸管：1mL（具 0.01mL 刻度）、10mL（具 0.1mL 刻度）；或微量移液器及吸头。②无菌锥形瓶：容量 250mL、500mL。③无菌培养皿：直径 90mm。④无菌试管：18mm×180mm。⑤采样管。⑥pH 计或精密 pH 试纸。⑦杜氏小管。

三、培养基与试剂配制

1. 配制无菌生理盐水

称取 8.5g 氯化钠溶于 1000mL 蒸馏水中，121℃高压灭菌 15min。

2. 配制营养琼脂培养基

称取蛋白胨 10.0g、牛肉粉 3.0g、氯化钠 5.0g 溶解于 1000mL 蒸馏水中，调节 pH 至 7.4～7.6，加入琼脂，煮沸溶解，分装，121℃高压灭菌 20min。

3. 配制乳糖胆盐发酵管

称取蛋白胨 20.0g、胆盐 5.0g、乳糖 10.0g 溶于 1000mL 蒸馏水中，调节 pH 至 7.4，加入 0.04%溴甲酚紫水溶液 25mL，分装每管 50mL，并放入一个杜氏小管，115℃灭菌 15min。

4. 配制乳糖发酵管

称取蛋白胨 20.0g、乳糖 10.0g 溶于 1000mL 蒸馏水中，调节 pH 至 7.4，加入 0.04%溴甲酚紫水溶液 25mL，分装每管 50mL，并放入一个杜氏小管，115℃灭菌 15min。

5. 配制伊红美蓝培养基

称取 37.5g 伊红美蓝培养基成分溶解于 1000mL 蒸馏水中，调节 pH 至 7.2，分装，以 115℃高压灭菌 20min。临用时加热融化，冷至 50～55℃，倾注平皿。

四、操作步骤

1. 采样

被检人员五指并拢，用一浸湿生理盐水的棉签在右手手指曲面，从指尖到指端来回涂擦 10 次（见图 4-2）。然后剪去与手接触部分棉棒，将其放入含 10mL 灭菌生理盐水的采样管（见图 4-3）内送检。

图 4-2 被检人员右手

图 4-3 采样管

2. 检验

（1）菌落总数

① 接种培养。将已采集的样品在 6h 内送实验室，每支采样管充分混匀后取 1mL 样液，放入灭菌平皿内，倾注营养琼脂培养基（见图 4-4）。每个样品平行接种两个平皿。置 35℃±2℃ 培养 48h，计数平板上细菌菌落数。

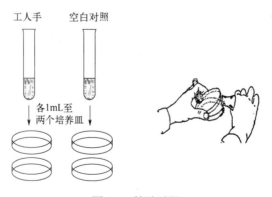

图 4-4 检验过程

② 结果计算

平板上平均细菌菌落数即为工作人员每只手表面细菌菌落总数（CFU）。

（2）大肠菌群 取样液 5mL 接种于 50mL 乳糖胆盐发酵管，置 35℃±2℃ 培养 24h，如不产酸也不产气，则报告为大肠菌群阴性。如产酸产气，则划线接种于伊红美蓝琼脂平板，置35℃±2℃培养18~24h，观察平板上菌落形态。典型的大肠菌落为黑紫色或红紫色，圆形，边缘整齐，表面光滑湿润，常具有金属光泽；也有的呈紫黑色，不带或略带金属光泽；或为粉红色、菌落中心较深。取疑似菌落1~2个作革兰氏染色镜检，同时接种于乳糖发酵管，置35℃±2℃培养24h，观察产气情况。

凡乳糖胆盐发酵管产酸产气，乳糖发酵管产酸产气，在伊红美蓝平板上有典型大肠菌落，革兰氏染色为阴性无芽孢杆菌，可报告被检样品检出大肠菌群。

任务拓展

1. 操作人员手的卫生状况检测时采样方法是什么？
2. 操作人员手的卫生状况检测指标有哪些？

笔记

实训报告

操作记录

实训名称：

班级：　　　　　　姓名：　　　　　　学号：

培养基及试剂配制

时间	培养基（试剂）名称	成分质量/g	蒸馏水/L	pH值	分装体积/[mL/瓶（管）]	数量/瓶（管）	灭菌方式	灭菌温度/℃	灭菌时间/min	配制人

检验记录单

检测项目：　　　　　　　　　　检测日期：

操作步骤及反思：

结果记录及评价

菌落总数	10^{-1}		空白对照	结果报告	标准要求	单项判定

大肠菌群	初发酵	分离培养结果	革兰氏染色	乳糖发酵管	结果报告	标准要求	单项判定

检测人：　　　　　　　　　　　　　　复核人：

项目五

食品微生物检验样品采集和制备

项目导入

食品样品的采集是食品微生物检验工作的第一步,也是保障检验结果准确性的最重要的因素之一。样品的采集与处理直接影响到检验结果,是食品微生物检验工作中非常重要的环节,要确保检验工作的公正、准确,必须掌握适当的技术要求,遵守一定的规则和程序。

如果所采集的样品缺乏代表性,或因样品保存不当造成被测成分损失或污染,检验结果不仅无法说明问题,还有可能导致错误的结论。这就对取样人员和制样人员提出了很高的专业要求,要求其在求实的精神下,科学地进行被检对象的采样、样品送检、样品保存和样品处理。本项目以我国现行食品安全微生物学检验标准为基础,重点介绍不同食品样品采集与处理的原则及方法。

学习目标

素质目标 坚持依法依规、实事求是的原则,具备安全意识、无菌意识,培养吃苦耐劳的精神。

知识目标 掌握食品微生物检验样品的采集原则,熟悉我国食品微生物检验样品的采集方案和采集数量。

能力目标 学会采样信息登记和常见食品微生物检验样品的采集与处理方法。

任务一 食品样品的采集与处理

任务目标

学会采集食品微生物检验样品,并完成采样单。

任务实施

一、采样用品

1. 采样工具

常用的有酒精灯、酒精棉球、火焰喷枪、无菌生理盐水管(带棉签)、灭菌棉拭子、镊子、长柄勺、吸管、洗耳球、剪刀、记号笔等。

2. 样品容器

盛装食品样品的无菌采样袋、样品冷藏设施等。

3. 防护用品

白大衣或隔离衣,医用手套、口罩、帽子等。

二、操作步骤

1. 采样用品灭菌准备

玻璃吸管、长柄勺等单个用纸包好高压灭菌,密闭、干燥。镊子、剪刀、小刀等用具,用前在酒精灯上用火焰消毒并妥善保管,防止污染。

2. 样品的采集

(1)预包装食品 应采集相同批次、独立包装、适量件数的食品样品,每件样品的采样量应满足微生物指标检验的要求。

① 独立包装≤1000g 的固态食品或≤1000mL 的液态食品,取相同批次的包装。

② 独立包装>1000mL 的液态食品,应在采样前摇动或用无菌棒搅拌液体,使其达到均质后采集适量样品,放入同一个无菌采样容器内作为一件食品样品;>1000g 的固态食品,应用无菌采样器从同一包装的不同部位分别采取适量样品,放入同一个无菌采样容器内作为一件食品样品。

(2)散装食品或现场制作食品 用无菌采样工具从 n 个不同部位现场采集样品,放入 n 个无菌采样容器内作为 n 件食品样品。每件样品的采样量应满足微生物指标检验单位的要求。

(3)食源性疾病及食品安全事件的食品样品 采样量应满足食源性疾病诊断和食品安全事件病因判定的检验要求。

3. 采集样品的标记

对采集的样品进行及时、准确的记录和标记,采样人应清晰填写采样单,注明采样人、采样地点、时间、样品名称、来源、批号、数量、保存条件等信息,并记录好采样现场的气温、湿度及卫生状况等。

4. 采集样品的贮存和运输

采样后，应将样品在接近原有贮存温度条件下尽快送往实验室检验。运输时应保持样品完整。如不能及时运送，应在接近原有贮存温度条件下贮存。

5. 样品处理与制备

① 实验室接到送检样品后应认真核对登记，确保样品的相关信息完整并符合检验要求。

② 实验室应按要求尽快检验。若不能及时检验，应采取必要的措施保持样品的原有状态，防止样品中目标微生物因客观条件的干扰而发生变化。

③ 冷冻食品应在 45℃以下不超过 15 min，或 2~5℃不超过 18 h 解冻后进行检验。

 任务拓展

1. 食品检验样品采集的基本原则是什么？
2. 简述样品采集送检的注意点。
3. 简述预包装食品的采样要求。

笔记

实训报告

操作记录	
实训名称： 班级：　　　　　　姓名：　　　　　　学号：	
采样用品：	
采样步骤（操作方法及反思）：	
采样信息登记	
样品名称		被采样单位	
样品生产日期		批号	
采样地点		采样时间	
抽样基数		采样数量	
采样方式		储存条件	
采样现场简述 （温湿度、卫生状况等）			
有效成分及含量			
检验目的		检验项目	
采样人		采样人单位	

知识链接

一、食品样品采集原则

1. 应采用随机原则进行采样，确保所采集的样品具有代表性

每批食品随机抽取一定数量的样品，通过对不同生产时间段、不同部位的食品进行取样，使采集的样品具有代表性，能够真正反映被采集样品的整体水平。

2. 采样过程遵循无菌操作程序，防止一切可能的外来污染

采样过程中，遵循无菌操作原则，与样品直接接触的一切采样用具均应无菌。

3. 样品在保存和运输的过程中，应采取必要的措施防止样品中原有微生物的数量变化，保持样品的原有状态

采集的非冷冻食品一般可采用0～5℃冷藏，不能冷藏的食品一般需要在36h内进行检验。

二、样品种类

样品可分为大样、中样、小样三种。大样指一整批样品；中样是指从样品各部分取得的混合样品；小样是指用于检验的样品，又称为检样，一般以25g/mL为准。

三、采样方案

1. 确定采样方案

根据检验目的、食品特点、批量、检验方法、微生物的危害程度等确定采样方案。

2. 采样方案分类

分为二级和三级采样方案。二级采样方案设有 n、c 和 m 值，三级采样方案设有 n、c、m 和 M 值。n：同一批次产品应采集的样品件数；c：最大可允许超出 m 值的样品数；m：微生物指标可接受水平的限量值；M：微生物指标的最高安全限量值。

若按照二级采样方案设定的指标，在 n 个样品中，允许有≤c 个样品其相应微生物指标检验值大于 m 值。

若按照三级采样方案设定的指标，在 n 个样品中，允许全部样品中相应微生物指标检验值小于或等于 m 值；允许有≤c 个样品其相应微生物指标检验值在 m 值和 M 值之间；不允许有样品相应微生物指标检验值大于 M 值。

例如：$n=5$，$c=3$，$m=10$CFU/g，$M=100$CFU/g。即从一批产品中采集 5 个样品，若 5 个样品的检验结果均小于或等于 m 值（≤10CFU/g），则这种情况是允许的；若≤3 个样品的检验结果（X）位于 m 值和 M 值之间（10CFU/g<X≤100CFU/g），则这种情况也是允许的；若有 4 个及以上样品的检验结果位于 m 值和 M 值之间，则这种情况是不允许的；若有任一样品的检验结果大于 M 值（>100CFU/g），则这种情况也是不允许的。

3. 食品安全事故中食品样品的采集

① 由批量生产加工的食品污染导致的食品安全事故，食品样品的采集和判定原则不变。重点采集同批次食品样品。

② 由餐饮单位或家庭烹调加工的食品导致的食品安全事故，重点采集现场剩余食品样品，以满足食品安全事故病因判定和病原确证的要求。

任务二　食品微生物检验样品的制备

  任务目标

学会制备食品微生物检验样品，并完成记录单。

  任务实施

一、肉与肉制品检样的制备

1. 采样用品

采样箱，天平，无菌采样袋，灭菌刀、剪刀、镊子，灭菌棉签等。

2. 试剂

稀释液或增菌液 225mL，121℃灭菌 15 min。

3. 操作步骤

（1）样品的采集

① 生肉及脏器。若是屠宰场宰后的畜肉，可于开腔后，用灭菌刀采取两腿内侧肌肉各 150g（或劈半后采取两侧背最长肌各 150g）；若是冷藏或销售的生肉，可用灭菌刀取腿肉或其他部位的肌肉 250g。检样采取后放入无菌容器内，立即送检。

② 禽类（包括家禽和野禽）。鲜、冻家禽采取整只，放入无菌容器内；带毛野禽可放清洁容器内，立即送检。

③ 各类熟肉制品。包括酱卤肉、肴肉、方圆腿、熟灌肠、熏烤肉、肉干、肉松、肉脯等，一般采取 250g。熟禽采取整只，均放无菌容器内，立即送检。

④ 生灌肠。包括腊肠、香肚等，一般采取整根、整只，小型的可采数根、数只，其总量不少于 250g。

（2）检样的处理

① 生肉及脏器检样的处理。先将检样进行表面消毒（在沸水内烫 3～5s，或灼烧消毒），再用灭菌剪刀剪取检样深层肌肉 25g，放入无菌均质袋内用灭菌剪刀剪碎后，加入灭菌稀释液 225mL，混匀后即为 1∶10 稀释液。

② 鲜、冻家禽检样的处理。先将检样进行表面消毒，用灭菌剪刀或刀去皮后，剪取肌肉 25g（一般可从胸部或腿部剪取），其他处理同生肉。带毛野禽去毛后，同家禽检样处理。

③ 各类熟肉制品检样的处理。直接切取或称取 25g，其他处理同生肉。

注意：以上样品的采集和送检及检样的处理，均以检验肉禽及其制品内的细菌含量从而判断其质量、鲜度为目的。如需检验肉禽及其制品受外界环境污染的程度或检验其是否带有某种致病菌，应用棉拭采样法。

（3）棉拭采样法和检样处理　检验肉禽及其制品受污染的程度，一般可用板孔 5cm^2 的金属制规板压在受检物上，将灭菌棉拭稍沾湿，在板孔 5cm^2 的范围内揩抹多次，然后将板孔规板移压另一点,用另一棉拭揩抹,如此共移压揩抹10次,总面积为50cm²,共用10支棉拭。每支棉拭在揩抹完毕后应立即剪断或烧断后投入盛有50mL灭菌水的锥形瓶或大试管中,立即送检。检验时先充分振摇,吸取瓶、管中的液体作为原液,再按要求做10倍递增稀释。

检验致病菌,不必用规板,可疑部位用棉拭揩抹即可。

二、水产食品检样的制备

1. 采样用品

采样箱,灭菌刀、剪刀、镊子等,无菌采样袋,灭菌棉签等。

2. 试剂

生理盐水(配制方法:氯化钠8.5g,蒸馏水1000mL),121℃灭菌15min。

3. 操作步骤

(1)样品的采集 赴现场采取水产食品样品时,应按检验目的和水产品的种类确定采样量。除个别大型鱼类和海洋哺乳动物只能割取其局部作为样品外,一般都采取完整的个体,待检验时再按要求在一定部位采取检样。一般小型鱼类、对虾、小螃蟹,因个体过小在检验时只能混合采取检样,采集多个个体;鱼糜制品(如灌肠、鱼丸等)和熟制品采取250g,放灭菌容器内。

水产食品含水较多,体内酶的活力也较旺盛,易于变质。因此在采好样品后应尽快送检,在送检过程中一般都应加冰保藏。

(2)检样的处理

① 鱼类。采取检样的部位为背肌。先用流水将鱼体表冲净,去鳞,再用75%酒精棉球擦净鱼背,待干后用灭菌刀在鱼背部沿脊椎切开5cm,再切开两端,使两块背肌分别向两侧翻开,然后用灭菌剪刀剪取25g鱼肉,放入无菌均质袋中,用均质器拍打1~2min,加入225mL灭菌生理盐水,混匀成稀释液。

② 虾类。采取检样的部位为腹节内的肌肉。将虾体在流水下冲净,摘去头胸节,用灭菌剪刀剪除腹节与头胸节连接处的肌肉,然后挤出腹节内的肌肉,取25g放入无菌均质袋中。余后操作同鱼类检样处理。

③ 蟹类。采取检样的部位为胸部肌肉。将蟹体在流水下冲洗,剥去壳盖和腹脐,去除鳃条。用75%酒精棉球擦拭前后外壁,待干。然后用灭菌剪刀从中央剪开成左右两片,用双手将一片蟹体的胸部肌肉挤出,称取25g放入无菌均质袋中。余后操作同鱼类检样处理。

④ 贝壳类。采取检样部位为贝壳内容物。用灭菌镊子或小刀从贝壳的张口处缝隙徐徐切入,撬开壳盖,再用灭菌镊子取出整个内容物,称取25g置无菌均质袋中,余后操作同鱼类检验处理。

注意:上述检样处理的方法和检验部位,均以检验水产品肌肉内细菌含量从而判断其新鲜度为目的。如需检验水产食品是否感染某种致病菌时,其检验部位应为胃肠消化道和鳃等呼吸器官。

三、糕点、蜜饯、糖果检样的制备

1. 采样用品

灭菌镊子、无菌采样袋、75%酒精棉球等。

2. 试剂

生理盐水（配制方法：氯化钠8.5g，蒸馏水1000mL），121℃灭菌15min。

3. 操作步骤

（1）样品的采集　糕点（饼干）、面包、蜜饯可用灭菌镊子夹取不同部位样品，放入灭菌容器内；糖果采取原包装样品，采取后立即送检。

（2）检样的处理

① 糕点。如为原包装，用灭菌镊子夹下包装纸，采取外部及中心部位；如为带馅糕点，取外皮及内馅25g；裱花糕点，采取奶花及糕点部分各一半共25g。加入225mL灭菌生理盐水中，制成混悬液。

② 蜜饯。采取不同部位称取25g检样，加入灭菌生理盐水225mL，制成混悬液。

③ 糖果。用灭菌镊子夹取包装纸，称取数块共25g，加入预温至45℃灭菌生理盐水225mL，待溶化后检验。

四、饮料、冷冻饮品检样的制备

1. 采样用品

采样箱，灭菌刀、镊子、剪刀，无菌采样袋等。

2. 试剂

生理盐水（配制方法：氯化钠8.5g，蒸馏水1000mL），121℃灭菌15min。

3. 操作步骤

（1）样品的采集

① 碳酸饮料、果蔬汁饮料、茶饮料、固体饮料等应采取原瓶、袋和盒装样品，散装者应无菌操作采取500mL，放入无菌采样袋中。

② 冷冻饮品采取原包装样品。

（2）检样的处理

① 瓶（罐）装饮料。用点燃的酒精棉球灼烧瓶口灭菌，用浸有苯酚的纱布盖好。塑料瓶口可用75%酒精棉球擦拭灭菌，用灭菌开瓶器开盖，移取25mL加入灭菌生理盐水225mL，制成1∶10样品匀液。盒装或软包装液体样品，用75%酒精棉球擦拭外包装后用灭菌纱布覆盖，再用灭菌剪刀剪开，移取25mL加入灭菌生理盐水225mL，制成1∶10样品匀液。含有二氧化碳的液体饮料先倒入另一灭菌容器内，口勿盖紧，覆盖灭菌纱布，轻轻摇晃，待气体全部逸出后再进行检验。

② 冰棍。用灭菌镊子除去包装纸，将冰棍部分放入无菌袋中，木棒留在外，封口，用力抽出木棒，或用灭菌剪刀剪掉木棒，置45℃水浴，融化后立即进行检验。

③ 冰淇淋。放在无菌袋内，待其融化立即进行检验。

五、乳与乳制品检样的制备

1. 采样用品

搅拌器具，吸管，灭菌刀、勺，无菌采样袋，75%酒精棉球等。

2. 试剂

稀释液或增菌液。

3. 操作步骤

（1）样品的采集

① 散装或大型包装的乳品。用灭菌刀、勺取样，在移采另一件样品前，刀、勺先清洗灭菌。采样时应选择有代表性的部位。采样量不少于检验单位的5倍。

② 小型包装的乳品。应采取相同批次最小零售原包装，每批至少取 n 件，采样量不少于检验单位的5倍。

（2）检样的处理

① 乳及液态乳制品。将检样摇匀，以无菌操作开启包装。塑料或纸盒（袋）装，用75%酒精棉球消毒盒盖或袋口，用灭菌剪刀切开；玻璃瓶装，以无菌操作去掉瓶口的纸罩或瓶盖，瓶口经火焰消毒。用灭菌吸管吸取25mL检样，放入装有225mL灭菌生理盐水的锥形瓶内，振摇均匀。

② 炼乳。清洁瓶或罐的表面，再用点燃的酒精棉球消毒瓶或罐口周围，然后用灭菌的开罐器打开瓶或罐，以无菌方式称取25g检样，放入预热至45℃的装有225mL灭菌生理盐水（或其他增菌液）的锥形瓶内，振摇均匀。

③ 奶油。无菌操作打开包装，称取25g检样，放入预热至45℃的装有225mL灭菌生理盐水（或其他增菌液）的锥形瓶中，振摇均匀。从检样融化到接种完毕的时间不应超过30min。

④ 乳粉。取样前将样品充分混匀。罐装乳粉的开罐取样法同炼乳处理，袋装乳粉应用75%酒精棉球涂擦消毒袋口，以无菌方式开封取样。称取检样25g，加入预热到45℃盛有225mL灭菌生理盐水等稀释液或增菌液的锥形瓶内振摇，使其充分溶解和混匀。

⑤ 干酪。以无菌操作打开外包装，有涂层的样品削去部分表面封蜡，无涂层的样品直接经无菌方式用灭菌刀切开干酪，用灭菌刀（勺）从表层和深层分别取出有代表性的适量样品，磨碎混匀。称取25g检样，放入预热到45℃的装有225mL灭菌生理盐水（或其他稀释液）的锥形瓶中，振摇均匀。充分混合使样品均匀散开（1～3min），分散过程中温度不超过40℃，尽可能避免泡沫产生。

六、调味品检样的制备

1. 采样用品

采样箱，灭菌勺子，无菌采样袋，75%酒精棉球等。

2. 试剂

灭菌碳酸钠、灭菌蒸馏水。

3. 操作步骤

（1）样品的采集　瓶装或袋装样品采取原包装，散装样品可用灭菌吸管或灭菌勺子采取，放入无菌采样袋内送检。

（2）检样的处理

① 瓶装样品。用点燃的酒精棉球烧灼瓶口灭菌，用浸有苯酚的纱布盖好，再用灭菌开瓶器开启，袋装样品用75%酒精棉球消毒袋口后进行检验。

② 酱类。用无菌操作称取25g，放入灭菌容器内，加入灭菌蒸馏水225mL；吸取酱油25mL，加入灭菌蒸馏水225mL，制成混悬液。

③ 食醋。用20%～30%灭菌碳酸钠溶液调pH到中性。移取食醋25mL，加入灭菌蒸馏水225mL，制成混悬液。

任务拓展

1. 固体样品采样后应如何处理?
2. 简述瓶装"可口可乐"饮料的样品处理方法。

笔记

实训报告

请对某农贸市场销售的猪瘦肉进行采样及处理，以供微生物检验用。

操作记录			
实训名称： 班级：	姓名：		学号：
采样信息登记			
样品名称		被采样单位	
样品生产日期		批号	
采样地点		采样时间	
抽样基数		采样数量	
采样方式		储存条件	
采样现场简述 （温湿度、卫生状况等）			
有效成分及含量			
检验目的		检验项目	
采样人		采样人单位	
送检条件及时间			
样品处理步骤			
操作人：		复核人：	

模块二　食品微生物检验技术

项目六
食品安全细菌学检验技术

项目导入

食品在生产、运输、销售等环节中,不可避免地要受到各种微生物的污染。食品被微生物污染的程度,要根据微生物检验的指标来评价。食品微生物检验的指标就是根据食品安全要求,从微生物学的角度,对不同食品提出的与食品有关的具体指标要求。根据国家标准,常见食品安全细菌学检验指标包括菌落总数、大肠菌群等。

食品微生物常见指标检验是食品微生物检验工作中非常重要的内容,是判断被检测食品能否食用的科学依据之一,这就对检验人员提出了很高的专业要求,要求其规范、严谨、实事求是地进行样品检验、原始数据记录和结果计算,并对检验结果作出科学判断。

学习目标

素质目标　具备科学辩证思维,具备标准意识、无菌意识,培养专心细致、求真务实、协同合作的良好实验习惯。

知识目标　了解食品中各项常见微生物检验指标的测定意义;掌握各项指标的测定方法;掌握各项指标的报告及评价方式。

能力目标　学会解读食品中常见微生物检验指标的方法标准;能按照检验方法标准对各项指标进行检验和原始数据记录;能对检验结果进行计算及报告。

任务一 猪肉中菌落总数测定

任务目标

学会对市售的猪瘦肉进行菌落总数测定,并完成检验报告。

任务实施

一、设备与材料准备

1. 设备

恒温培养箱(36℃±1℃、30℃±1℃)、冰箱(2~5℃)、恒温水浴箱(48℃±2℃)、天平(感量为0.1g)、均质器、超净工作台、高压蒸汽灭菌锅、菌落计数器。

2. 材料

①无菌吸管:1mL(具0.01mL刻度)、10mL(具0.1mL刻度);或微量移液器及吸头。②无菌锥形瓶:容量250mL、500mL。③无菌培养皿:直径90mm。④无菌试管:18mm×180mm。⑤无菌均质袋。⑥pH计或精密pH试纸。

3. 样品

市售猪瘦肉。

二、培养基与试剂配制

1. 配制无菌生理盐水

称取8.5g氯化钠溶于1000mL蒸馏水中,121℃高压灭菌15min。

2. 配制磷酸盐缓冲液

(1)配制贮存液 称取34.0g的磷酸二氢钾溶于500mL蒸馏水中,用大约175mL的1mol/L氢氧化钠溶液调节pH至7.2,用蒸馏水稀释至1000mL后贮存于冰箱备用。

(2)配制稀释液 取贮存液1.25mL,用蒸馏水稀释至1000mL,分装,121℃高压灭菌15min。

3. 配制平板计数琼脂培养基(PCA)

称取23.5g平板计数琼脂培养基成分加于1000mL蒸馏水中,煮沸溶解,调节pH至7.0±0.2。分装试管或锥形瓶,121℃高压灭菌15min。

注意:商品化培养基配制方法可参考具体所使用培养基的规范配制方法。

三、操作步骤

具体检验程序见图6-1。

1. 样品的稀释

(1)样品处理 无菌环境下,先将猪瘦肉进行表面消毒(在沸水内烫3~5s,或灼烧消毒),再用灭菌剪刀剪取检样深层肌肉25g,放入无菌均质袋内用灭菌剪刀剪碎后,加入灭稀释液 225mL，用拍击式均质器（图 6-2）拍打 1～2min，制成 1∶10 的样品匀液。

注意：如对含盐量较高的食品（如酱制品）进行稀释，则宜采用蒸馏水。

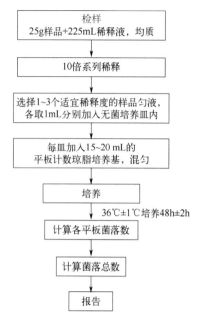

图 6-1 菌落总数的检验程序

图 6-2 拍击式均质器

（2）稀释　用 1mL 无菌吸管或微量移液器吸取 1∶10 样品匀液 1mL，沿管壁缓慢注于盛有 9mL 稀释液的无菌试管中，振荡均匀，制成 1∶100 的样品匀液。按上述操作。依次制备 10 倍系列稀释样品匀液，如图 6-3 所示。

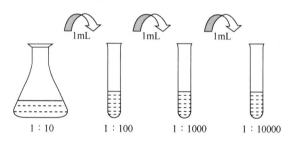

图 6-3 样品系列稀释

注意：在递次稀释时，每一稀释液应充分振摇，使其均匀，同时每递增稀释 1 次，换用 1mL 无菌吸管或吸头。吸管或吸头尖端不要触及稀释液面，以免吸管外部黏附的检液溶于其内。

（3）接种　根据对样品污染状况的估计，选择 1～3 个适宜稀释度的样品匀液（液体样品可包括原液），在进行 10 倍递增稀释时，吸取 1mL 样品匀液于无菌平皿内，每个稀释度做两个平皿。同时，分别吸取 1mL 空白稀释液加入两个无菌平皿内作空白对照（见图 6-4）。

（4）倒板　及时将 15～20mL 冷却至 46～50℃的平板计数琼脂培养基（可放置于 48℃±2℃恒温水浴箱中保温）倾注平皿，并转动平皿使其混合均匀。

注意：培养基温度过高会造成菌体细胞死亡；过低琼脂不能与菌液充分混匀，细菌将不易分散。混合过程中应小心，不要将混合物溅到皿边的上方。

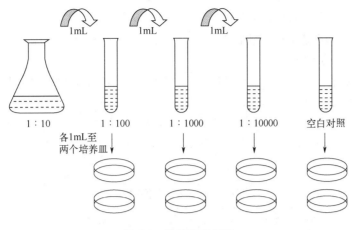

图 6-4 样品稀释接种

2. 培养

① 待琼脂凝固后，将平板翻转，36℃±1℃培养 48h±2h。

② 如果样品中可能含有在琼脂培养基表面弥漫生长的菌落,可在凝固后的琼脂表面覆盖一薄层琼脂培养基（约 4mL）,凝固后翻转平板进行培养。

3. 菌落计数

可用肉眼观察，必要时用放大镜或菌落计数器，记录稀释倍数和相应的菌落数量。菌落计数以菌落形成单位（CFU）表示。

① 选取菌落数在 30~300CFU 之间、无蔓延菌落生长的平板计数菌落总数。低于 30CFU 的平板记录具体菌落数，高于 300CFU 的可记录为"多不可计"。每个稀释度的菌落数应采用两个平板的平均数。

② 其中一个平板有较大片状菌落生长时，则不宜采用，而应以无片状菌落生长的平板作为该稀释度的菌落数；若片状菌落不到平板的一半，而其余一半中菌落分布又很均匀，即可计算半个平板后乘以 2，代表一个平板菌落数。

③ 当平板上出现菌落间无明显界线的链状生长时，则将每条单链作为一个菌落计数。

4. 结果计算

① 若只有一个稀释度平板上的菌落数在适宜计数范围内，计算两个平板菌落数的平均值，再将平均值乘以相应稀释倍数，作为 1g（mL）样品中菌落总数结果（见表 6-1 中例 1）。

② 若有两个连续稀释度的平板菌落数在适宜计数范围内时，按式（6-1）计算（见表 6-1 中例 2、例 3）：

$$N = \frac{\Sigma C}{(n_1 + 0.1n_2)d} \tag{6-1}$$

式中 N——样品中菌落数；

ΣC——平板（含适宜范围菌落数的平板）菌落数之和；

n_1——第一稀释度（低稀释倍数）平板个数；

n_2——第二稀释度（高稀释倍数）平板个数；

d——稀释因子（第一稀释度）。

③ 若所有稀释度的平板上菌落数均大于 300CFU，则对稀释度最高的平板进行计数，其

他平板可记录为"多不可计",结果按平均菌落数乘以最高稀释倍数计算(见表6-1中例4)。

④ 若所有稀释度的平板菌落数均小于 30CFU,则应按稀释度最低的平均菌落数乘以稀释倍数计算(见表6-1中例5)。

⑤ 若所有稀释度(包括液体样品原液)平板均无菌落生长,则以"小于1"乘以最低稀释倍数计算(见表6-1中例6)。

⑥ 若所有稀释度的平板菌落数均不在30~300CFU之间,其中一部分小于30CFU或大于300CFU时,则以最接近30CFU或300CFU的平均菌落数乘以稀释倍数计算(见表6-1中例7)。

表6-1 菌落总数计数和报告方法

例	不同稀释度的菌落数			菌落总数计数	菌落总数报告 /(CFU/g 或 CFU/mL)
	10^{-1}	10^{-2}	10^{-3}		
1	多不可计	163、165	16、17	16400	16000 或 $1.6×10^4$
2	多不可计	232、244	33、35	24727	25000 或 $2.5×10^4$
3	1721	284、305	38、30	29333	29000 或 $2.9×10^4$
4	多不可计	多不可计	340、350	345000	350000 或 $3.5×10^5$
5	26、28	2、1	0、0	270	270 或 $2.7×10^2$
6	0、0	0、0	0、0	<10	<10
7	多不可计	336、338	27、29	28000	28000 或 $2.8×10^4$

5. 报告

① 菌落数小于 100 CFU 时,按"四舍五入"原则修约,以整数报告。例:65.5→66。

② 菌落数大于或等于 100 CFU 时,第 3 位数字采用"四舍五入"原则修约后取前 2 位数字,后面用"0"代替位数;也可用 10 的指数形式来表示,按"四舍五入"原则修约后,采用两位有效数字。例:26400 修约后为 26000 或 $2.6×10^4$。

③ 若所有平板上为蔓延菌落而无法计数,则报告菌落蔓延。

④ 若空白对照上有菌落生长,则此次检验结果无效。

⑤ 以 CFU/g 为单位报告。

 任务拓展

1. 食品中检出的菌落总数是否代表该食品上的所有细菌数?为什么?
2. 为什么平板计数琼脂培养基在使用前要保持在46℃±1℃?

实训报告

操作记录										
实训名称： 班级：　　　　姓名：　　　　学号：										
培养基及试剂配制										
时间	培养基（试剂）名称	成分质量/g	蒸馏水/L	pH 值	分装体积/［mL/瓶（管）］	数量/瓶（管）	灭菌方式	灭菌温度/℃	灭菌时间/min	配制人

检验记录单	
检测项目： 样品名称： 收样日期：	检测依据： 样品数量： 检测日期：
操作步骤及反思：	

结果记录报告 空白对照：					
各稀释度菌落数			结果报告	产品限量要求	单项判定

计算过程：

检测人：　　　　复核人：

知识链接

一、菌落总数的概念

菌落总数是食品检样经过处理，在一定条件下（如培养基、培养温度和培养时间等）培养后，所得1g（mL）检样中的微生物菌落总数。

菌落总数单位是CFU/g或CFU/mL，CFU即colony-forming units（菌落形成单位）。菌落是指单个或少数微生物细胞在固体培养基上生长繁殖而形成的能被肉眼识别的生长物，它是由数以万计相同的微生物细胞集合而成。菌落总数的测定采用的是平板计数法，当样品被稀释到一定程度，与固体培养基混合，在一定培养条件下，每个能够生长繁殖的微生物细胞都可以在平板上形成一个可见的菌落，通过菌落个数计数，可计算出每克或每毫升待检样品中培养出多少个菌落，以CFU/g或CFU/mL报告。

二、菌落总数测定的意义

菌落总数作为判定食品被污染程度的标志，是食品安全评价指标中的重要项目，也可用其观察微生物在食品中繁殖的动态，预测食品可存放的期限，是判断食品安全的重要依据之一。从食品安全角度来看，食品中菌落总数越多，说明食品质量越差，病原菌污染的可能性就越大。

食品中菌落总数超标，说明该产品达不到基本的安全要求，将会破坏食品的营养成分，造成食品腐败变质，失去其食用价值。消费者食用菌落总数超标严重的食品，容易患肠道疾病，引起呕吐、腹泻等症状，危害人体健康。食品安全关系到人民的生命安全，检验中应诚实守信，有社会责任感。

任务二　水产品中大肠菌群计数

子任务一　海产鱼类大肠菌群平板计数

任务目标

学会对市售海产鱼类进行大肠菌群平板法测定,并完成检验报告。

任务实施

一、设备与材料准备

1. 设备

恒温培养箱(36℃±1℃)、冰箱(2～5℃)、恒温水浴箱(46℃±1℃)、天平(感量为0.1g)、均质器、超净工作台、高压蒸汽灭菌锅、振荡器。

2. 材料

①无菌吸管:1mL(具0.01mL刻度)、10mL(具0.1mL刻度);或微量移液器及吸头。②无菌锥形瓶:容量250mL、500mL。③无菌培养皿:直径90mm。④无菌试管:18mm×180mm。⑤无菌均质袋。⑥pH计或精密pH试纸。⑦杜氏小管。

3. 样品

海产鱼类。

二、培养基与试剂配制

1. 配制无菌生理盐水

称取8.5g氯化钠溶于1000mL蒸馏水中,121℃高压灭菌15min。

2. 配制磷酸盐缓冲液

(1)配制贮存液　称取34.0g磷酸二氢钾溶于500mL蒸馏水中,用大约175mL的1mol/L氢氧化钠溶液调节pH至7.2,用蒸馏水稀释至1000mL后贮存于冰箱备用。

(2)配制稀释液　取贮存液1.25mL,用蒸馏水稀释至1000mL,分装,121℃高压灭菌15min。

3. 配制结晶紫中性红胆盐琼脂(VRBA)培养基

称取41.6g结晶紫中性红胆盐琼脂培养基溶解于1L蒸馏水中,静置几分钟,充分搅拌,调节pH至7.4±0.2。煮沸2min,将培养基冷却至45～50℃倾注平板。使用前临时制备,不得超过3h。

4. 配制煌绿乳糖胆盐(BGLB)肉汤

称取22g煌绿乳糖胆盐肉汤成分溶解于1L蒸馏水中,调节pH至7.2±0.1。分装到有杜氏小管的试管中,每管10mL。121℃高压灭菌15min。

5. 配制 1mol/L NaOH 溶液

称取 40g 氢氧化钠溶于 1000mL 蒸馏水中，121℃高压灭菌 15min。

6. 配制 1mol/L HCl 溶液

移取浓盐酸 90mL，用蒸馏水稀释至 1000mL，121℃高压灭菌 15min。

三、操作步骤

具体检验程序见图 6-5。

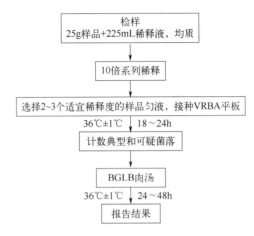

图 6-5 大肠菌群平板计数法检验程序

1. 样品稀释

① 样品处理。先用流水将鱼体表冲净，去鳞，再用 75%酒精棉球擦净鱼背，待干后用灭菌刀在鱼背部沿脊椎切开 5cm，再切开两端，使两块背肌分别向两侧翻开，然后用灭菌剪刀剪取 25g 鱼肉，放入无菌均质袋中，加入 225mL 灭菌生理盐水，用均质器拍打 1～2min，制成 1∶10 的样品匀液。

② 样品匀液的 pH 值应在 6.5～7.5 之间，必要时分别用 1mol/L NaOH 或 1mol/L HCl 调节。

③ 用 1mL 无菌吸管或微量移液器吸取 1∶10 样品匀液 1mL，沿管壁缓缓注入 9mL 磷酸盐缓冲液或生理盐水的无菌试管中（注意吸管或吸头尖端不要触及稀释液面），振摇试管或换用 1 支 1mL 无菌吸管反复吹打，使其混合均匀，制成 1∶100 的样品匀液。

④ 根据对样品污染情况的估计，按上述操作，依次制成 10 倍递增系列稀释样品匀液。每递增稀释 1 次，换用 1 支 1mL 无菌吸管或吸头。从制备样品匀液至样品接种完毕，全过程不得超过 15min。

2. 平板接种

① 选取 2～3 个适宜的连续稀释度，每个稀释度接种 2 个无菌平皿，每皿 1mL。同时取 1mL 稀释液加入无菌平皿作空白对照。

② 及时将 15～20mL 冷却至 46℃的结晶紫中性红胆盐琼脂（VRBA）倾注于平皿中。小心旋转平皿，将培养基与样液充分混匀，待琼脂凝固后，再加 3～4mL VRBA 覆盖平板表层。翻转平板，置于 36℃±1℃培养 18～24h。

3. 平板菌落数的选择

选取菌落数在 15～150CFU 之间的平板，分别计数平板上出现的典型和可疑大肠菌群菌落。典型菌落为紫红色，菌落周围有红色的胆盐沉淀环，菌落直径为 0.5mm 或更大，最低稀释度平板低于 15CFU 的记录具体菌落数。

4. 证实试验

从 VRBA 平板上挑取 10 个不同类型的典型和可疑菌落，少于 10 个菌落的挑取全部典型和可疑菌落。分别移种于 BGLB 肉汤管内，具体操作过程如图 6-6 所示。36℃±1℃培养 24～48h，观察产气情况。凡 BGLB 肉汤管产气，即可报告为大肠菌群阳性。

5. 大肠菌群平板计数的报告

最后证实为大肠菌群阳性的试管比例乘以用于证实试验的平板菌落数，再乘以稀释倍数，即为 1g（mL）样品中大肠菌群数。例：10^{-3} 样品稀释液 1mL，在 VRBA 平板上有 63 个典型和可疑菌落，挑取其中 10 个接种 BGLB 肉汤管，证实有 6 个阳性管，则该样品的大肠菌群数为：$63 \times \frac{6}{10} \times 10^3 = 3.8 \times 10^4 \text{CFU/g}$。

若所有稀释度（包括液体样品原液）平板均无菌落生长，或 BGLB 肉汤管均为阴性，则以"小于 1"乘以最低稀释倍数计算。

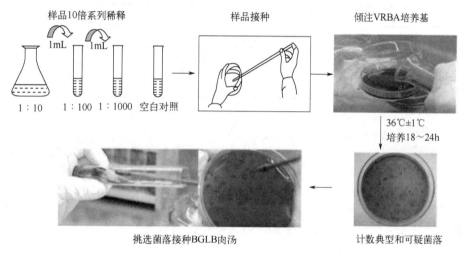

图 6-6 大肠菌群平板计数法操作步骤

 任务拓展

1. VRBA 培养基中各成分的作用分别是什么？
2. VRBA 培养基倾注摇匀后，待琼脂凝固后，再在表面覆盖一薄层的作用是什么？

笔记

实训报告

操作记录										
实训名称： 班级：			姓名：				学号：			
培养基及试剂配制										
时间	培养基（试剂）名称	成分质量/g	蒸馏水/L	pH 值	分装体积/[mL/瓶（管）]	数量/瓶（管）	灭菌方式	灭菌温度/℃	灭菌时间/min	配制人

检验记录单

检测项目：　　　　　　　　　　　　　　　检测依据：
样品名称：　　　　　　　　　　　　　　　样品数量：
收样日期：　　　　　　　　　　　　　　　检测日期：

操作步骤及反思：

结果记录报告

空白：

各稀释度典型菌落数			证实阳性管数	结果报告	产品限量要求	单项判定

计算过程：

检测人：　　　　　　　　　　　　　　　　复核人：

子任务二 贝壳类水产品中大肠菌群 MPN 计数

任务目标

学会对市售的蛏进行大肠菌群 MPN 计数法测定,并完成检验报告。

任务实施

一、设备与材料准备

1. 设备

恒温培养箱(36℃±1℃)、冰箱(2~5℃)、恒温水浴箱(46℃±1℃)、天平(感量为 0.1g)、均质器、超净工作台、高压蒸汽灭菌锅、振荡器。

2. 材料

①无菌吸管:1mL(具 0.01mL 刻度)、10mL(具 0.1mL 刻度);或微量移液器及吸头。②无菌锥形瓶:容量 250mL、500mL。③无菌试管:18mm×180mm。④无菌均质袋。⑤pH 计或精密 pH 试纸。⑥杜氏小管。

3. 样品

蛏。

二、培养基与试剂配制

1. 配制无菌生理盐水

称取 8.5g 氯化钠溶于 1000mL 蒸馏水中,121℃高压灭菌 15min。

2. 配制磷酸盐缓冲液

(1)配制贮存液 称取 34.0g 磷酸二氢钾溶于 500mL 蒸馏水中,用大约 175mL 的 1mol/L 氢氧化钠溶液调节 pH 至 7.2,用蒸馏水稀释至 1000mL 后贮存于冰箱备用。

(2)配制稀释液 取贮存液 1.25mL,用蒸馏水稀释至 1000mL,分装,121℃高压灭菌 15min。

3. 配制月桂基硫酸盐胰蛋白胨(LST)肉汤

称取 35.6g 月桂基硫酸盐胰蛋白胨肉汤成分溶解于 1000mL 蒸馏水中,调节 pH 至 6.8± 0.2。分装到有杜氏小管的试管中,每管 10mL。121℃高压灭菌 15min。

4. 配制煌绿乳糖胆盐(BGLB)肉汤

称取 22g 煌绿乳糖胆盐肉汤成分溶解于 1000mL 蒸馏水中,调节 pH 至 7.2±0.1。分装到有杜氏小管的试管中,每管 10mL。121℃高压灭菌 15min。

5. 配制 1mol/L NaOH 溶液

称取 40g 氢氧化钠溶于 1000mL 蒸馏水中,121℃高压灭菌 15min。

6. 配制 1mol/L HCl 溶液

移取浓盐酸 90mL,用蒸馏水稀释至 1000mL,121℃高压灭菌 15min。

三、操作步骤

具体检验程序见图 6-7。

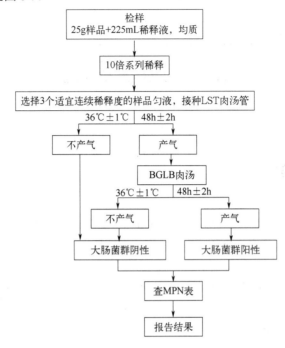

图 6-7　大肠菌群 MPN 计数法检验程序

1. 样品稀释

① 样品处理。用酒精棉消毒贝壳表面，用灭菌镊子或小刀从贝壳的张口处缝隙中徐徐切入，撬开壳盖，再用灭菌镊子取出整个内容物，称取 25g 置无菌均质袋中，加入 225mL 无菌蒸馏水，均质器拍打 1～2min，制成 1∶10 的样品匀液。

② 样品匀液的 pH 值应在 6.5～7.5 之间，必要时分别用 1mol/L NaOH 或 1mol/L HCl 调节。

③ 用 1mL 无菌吸管或微量移液器吸取 1∶10 样品匀液 1mL，沿管壁缓缓注入 9mL 磷酸盐缓冲液或生理盐水的无菌试管中（注意吸管或吸头尖端不要触及稀释液面），振摇试管或换用 1 支 1mL 无菌吸管反复吹打，使其混合均匀，制成 1∶100 的样品匀液。

④ 根据对样品污染情况的估计，按上述操作，依次制成 10 倍递增系列稀释样品匀液。每递增稀释 1 次，换用 1 支 1mL 无菌吸管或吸头。从制备样品匀液至样品接种完毕，全过程不得超过 15min。

2. 初发酵实验

每个样品，选择 3 个适宜的连续稀释度的样品匀液（液体样品可以选择原液），每个稀释度接种 3 管月桂基硫酸盐胰蛋白胨（LST）肉汤，每管接种 1mL（如接种量超过 1mL，则用双料 LST 肉汤），36℃±1℃培养 24h±2h，观察杜氏小管内是否有气泡产生（如图 6-8）。24h±2h 产气者进行复发酵实验，如未产气则继续培养至 48h±2h，产气者进行复发酵实验。未产气者为大肠菌群阴性。

3. 复发酵实验

用接种环从产气的 LST 肉汤管中分别取培养物 1 环，移种于煌绿乳糖胆盐（BGLB）肉汤管中，36℃±1℃培养48h±2h，观察产气情况（见图6-9）。产气者，计为大肠菌群阳性。

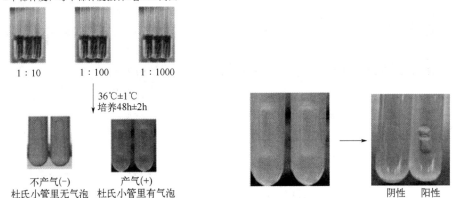

图 6-8　大肠菌群 MPN 计数法初发酵实验图示　　图 6-9　大肠菌群 MPN 计数法复发酵实验图示

4. 大肠菌群最可能数（MPN）的报告

按大肠菌群复发酵实验的阳性管数，检索 MPN 表（见表6-2），报告 1g 样品中大肠菌群的 MPN 值。

表 6-2　大肠菌群最可能数（MPN）检索表

阳性管数			MPN	95%可信限		阳性管数			MPN	95%可信限	
10^{-1}	10^{-2}	10^{-3}		下限	上限	10^{-1}	10^{-2}	10^{-3}		下限	上限
0	0	0	<3.0	—	9.5	2	2	0	21	4.5	42
0	0	1	3.0	0.15	9.6	2	2	1	28	8.7	94
0	1	0	3.0	0.15	11	2	2	2	35	8.7	94
0	1	1	6.1	1.2	18	2	3	0	29	8.7	94
0	2	0	6.2	1.2	18	2	3	1	36	8.7	94
0	3	0	9.4	3.6	38	3	0	0	23	4.6	94
1	0	0	3.6	0.17	18	3	0	1	38	8.7	110
1	0	1	7.2	1.3	18	3	0	2	64	17	180
1	0	2	11	3.6	38	3	1	0	43	9	180
1	1	0	7.4	1.3	20	3	1	1	75	17	200
1	1	1	11	3.6	38	3	1	2	120	37	420
1	2	0	11	3.6	42	3	1	3	160	40	420
1	2	1	15	4.5	42	3	2	0	93	18	420
1	3	0	16	4.5	42	3	2	1	150	37	420
2	0	0	9.2	1.4	38	3	2	2	210	40	430
2	0	1	14	3.6	42	3	2	3	290	90	1000
2	0	2	20	4.5	42	3	3	0	240	42	1000
2	1	0	15	3.7	42	3	3	1	460	90	2000
2	1	1	20	4.5	42	3	3	2	1100	180	4100
2	1	2	27	8.7	94	3	3	3	>1100	420	—

注：1. 本表采用 3 个稀释度 [0.1g（mL）、0.01g（mL）和 0.001g（mL）]，每个稀释度接种 3 管。
2. 表内所列检样如改用 1g（mL）、0.1g（mL）和 0.01g（mL）时，表内数据应相应缩小为原数据的 1/10；如改用 0.01g（mL）、0.001g（mL）、0.0001g（mL）时，则表内数据应相应增大 10 倍，其余类推。

任务拓展

1. 在发酵实验中，若发现发酵杜氏小管内存在极微小的气泡，这种情况可否算作产气阳性？

2. 所有发酵管均为阴性反应时，检验结果可否报告为"0"？

笔记

实训报告

<table>
<tr><td colspan="11" align="center">操作记录</td></tr>
<tr><td colspan="11">实训名称：　　　　　　　　　　　姓名：　　　　　　　　学号：
班级：</td></tr>
<tr><td colspan="11" align="center">培养基及试剂配制</td></tr>
<tr><td>时间</td><td>培养基（试剂）名称</td><td>成分质量/g</td><td>蒸馏水/L</td><td>pH 值</td><td>分装体积/
[mL/瓶（管）]</td><td>数量/瓶（管）</td><td>灭菌方式</td><td>灭菌温度/℃</td><td>灭菌时间/min</td><td>配制人</td></tr>
<tr><td></td><td></td><td></td><td></td><td></td><td></td><td></td><td></td><td></td><td></td><td></td></tr>
<tr><td></td><td></td><td></td><td></td><td></td><td></td><td></td><td></td><td></td><td></td><td></td></tr>
<tr><td></td><td></td><td></td><td></td><td></td><td></td><td></td><td></td><td></td><td></td><td></td></tr>
<tr><td colspan="11" align="center">检验记录单</td></tr>
<tr><td colspan="11">检测项目：　　　　　　　　　　　　　　　检测依据：
样品名称：　　　　　　　　　　　　　　　样品数量：
收样日期：　　　　　　　　　　　　　　　检测日期：</td></tr>
<tr><td colspan="11">操作步骤及反思：

</td></tr>
<tr><td colspan="11" align="center">结果记录报告</td></tr>
<tr><td colspan="2">稀释度</td><td colspan="3"></td><td colspan="3"></td><td colspan="3"></td></tr>
<tr><td colspan="2">初发酵结果（阳性管数）</td><td colspan="3"></td><td colspan="3"></td><td colspan="3"></td></tr>
<tr><td colspan="2">复发酵结果（阳性管数）</td><td colspan="3"></td><td colspan="3"></td><td colspan="3"></td></tr>
<tr><td colspan="2">查 MPN 表报告结果</td><td colspan="9"></td></tr>
<tr><td colspan="2">产品限量要求</td><td colspan="4"></td><td colspan="2">单项判定</td><td colspan="3"></td></tr>
<tr><td colspan="11">计算过程：

</td></tr>
<tr><td colspan="11">检测人：　　　　　　　　　　　　　　　　复核人：</td></tr>
</table>

> 知识链接

一、大肠菌群的概念

大肠菌群是一群在特定培养条件下能发酵乳糖、产酸产气的需氧和兼性厌氧的革兰氏阴性无芽孢杆菌。

大肠菌群分布较广,多存在于温血动物粪便、人类经常活动的场所以及有粪便污染的地方。大肠菌群作为粪便污染指标菌用来评价食品质量安全,推断食品是否受到肠道致病菌的污染。

二、检验原理

平板计数法是利用大肠菌群在固体培养基中发酵乳糖产酸,在指示剂的作用下形成可计数的红色或紫色、带有或不带有沉淀环的菌落。

MPN(most probable number,最大或然数,或称为最可能数)法是统计学和微生物学结合的一种定量检测法。待测样品经系列稀释并培养后,根据其未生长的最低稀释度与生长的最高稀释度,应用统计学概率论推算出待测样品中大肠菌群的最可能数。

三、大肠菌群检验的意义

大肠菌群是粪便污染指标菌,主要以该菌群的检出情况来推断食品是否存在粪便污染。大肠菌群数的高低,表明了粪便污染的程度大小,也反映了对人体健康危害性的大小。粪便是人畜肠道的排泄物,除一般正常细菌外,同时也会有一些肠道致病菌存在(如大肠埃希氏菌、沙门氏菌等)。若食品被粪便污染,则可以推测该食品有被肠道致病菌污染的可能性,存在引起食物中毒和流行病等威胁人体健康的隐患。因此,大肠菌群是评价食品安全的重要指标之一,目前已被国内外广泛应用于食品安全检验工作中。

任务三　水果罐头商业无菌检验

任务目标

学会对市售的水果罐头进行食品流通领域商业无菌检验，并完成检验报告。

任务实施

一、设备与材料准备

1. 设备

恒温培养箱（30℃±1℃、36℃±1℃、55℃±1℃）、冰箱（2～5℃）、恒温水浴箱（55℃±1℃）、天平（感量为0.1g）、均质器、超净工作台、电位pH计（准确度为0.01）、显微镜。

2. 材料

无菌开罐器或罐头打孔器。

3. 样品

水果罐头。

二、培养基与试剂配制

1. 配制无菌生理盐水

称取8.5g氯化钠溶于1000mL蒸馏水中，121℃高压灭菌15min。

2. 配制结晶紫染色液

称取1.0g结晶紫完全溶解于95%乙醇中，再与1%草酸铵溶液混合。

3. 配制含4%碘的乙醇溶液

称取4g碘溶于100mL的70%乙醇溶液。

三、操作步骤

具体检验程序见图6-10。

1. 样品准备

抽取样品后，记录产品名称、编号，并在样品包装表面做好标记，应确保样品外观正常，无损伤、锈蚀（仅对金属容器）、泄漏、胀罐（袋、瓶、杯等）等明显异常情况。

2. 保温

每个批次取1个样品置2～5℃冰箱保存作为对照，将其余样品在36℃±1℃下保温10d。保温过程中应每天定时检查，如有胀罐（袋、瓶、杯等）或泄漏现象，应立即取出，开启检查，以防爆炸；其余的继续保温。

3. 开启食品容器

① 所有保温的样品，冷却到常温后，按无菌操作开启检验。

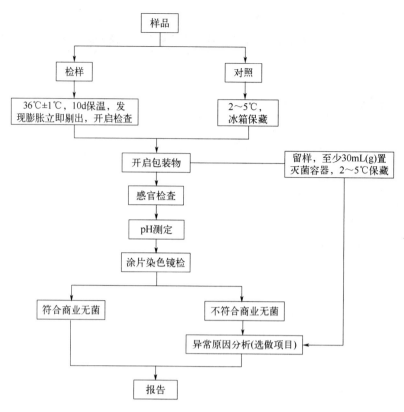

图 6-10 食品流通领域商业无菌检验程序

② 保温过程中如有胀罐（袋、瓶、杯等）或泄漏现象，应立即剔出，严重膨胀样品先置于 2～5℃冰箱内冷藏数小时后，开启食品容器检查。

③ 待测样品保温结束后，必要时，可用温水或洗涤剂清洗待测样品的外表面，水冲洗后用无菌毛巾（布或纸）或消毒棉（含 75%的乙醇溶液）擦干。用含 4%碘的乙醇溶液浸泡（或75%乙醇溶液）消毒外表面 30min，再用灭菌毛巾擦干后开启，或在密闭罩内点燃至表面残余的碘乙醇溶液全部燃烧完后开启（膨胀样品及采用易燃包装材料容器的样品不能灼烧）。

④ 测试样品应按无菌操作要求开启。带汤汁的样品开启前应适当振摇。对于金属容器样品，使用无菌开罐器（图 6-11）或罐头打孔器，在消毒后的罐头光滑面开启一个适当大小的口或者直接拉环开启，开罐时不得伤及卷边结构。每次开罐前，应保证开罐器处于无菌状态，防止交叉污染。对于软包装样品，可以使用灭菌剪刀开启，不得损坏接口处。

图 6-11 开罐器

注意：严重胀罐（袋、瓶、杯等）样品可能会发生爆喷，喷出有毒物，可采取在样品上盖一条无菌毛巾或者用一个无菌漏斗倒扣在样品上等预防措施，防止这类危险的发生。

4. 留样

开启后，用灭菌吸管或其他适当工具以无菌操作取出内容物至少 30mL（g）至灭菌容器内，保存于 2～5℃ 冰箱中，在需要时可用于进一步试验，待该批样品得出检验结论后可弃去。

5. 感官检查

在光线充足、空气清洁无异味的实验室中，将样品内容物倾入白色搪瓷盘或玻璃容器（适用于液体样品）内，对产品的组织、形态、色泽和气味等进行观察和嗅闻。含固形物样品应按压食品检查产品性状，鉴别食品有无腐败变质的迹象，同时观察包装容器内部的情况，并记录。

6. pH 测定及结果分析

（1）样品处理

① 液态制品混匀备用，有固相和液相的制品则取混匀的液相部分备用。

② 对于稠厚或半稠厚制品以及难以从中分出汁液的制品，取一部分样品在均质器或研钵中研磨，如果研磨后的样品仍太稠厚，加入等量的无菌蒸馏水，混匀备用。

（2）测定

① 将电极插入被测试样液中，并将 pH 计的温度校正器调节到被测液的温度。如果仪器没有温度校正系统，被测试样液的温度应调到 20℃±2℃ 的范围之内，采用适合所用 pH 计的方法测定。当读数稳定后，从仪器的标度上直接读出 pH，准确至 0.01。

② 同一个制备试样至少进行两次测定。pH 两次测定结果之差应不超过 0.1。取两次测定的算术平均值作为结果，报告准确至 0.01。

③ 结果分析　与同批冷藏保存的对照样品相比，是否有显著差异。pH 相差 0.5 及以上判定为显著差异。

7. 涂片染色镜检

（1）涂片　取样品内容物进行涂片。带汤汁的样品可用接种环挑取汤汁涂于载玻片上，固态食品可直接涂片或用少量灭菌生理盐水稀释后涂片，待干后用火焰固定。油脂性食品涂片自然干燥并火焰固定后，用二甲苯等脱脂剂流洗，自然干燥。

（2）染色镜检　上述涂片用结晶紫染色液进行单染色，干燥后镜检，至少观察 5 个视野，记录菌体的形态特征以及每个视野的菌数。与同批冷藏保存对照样品相比，判断是否有明显的微生物增殖现象。菌数有百倍或百倍以上的增长则判定为明显增殖。

8. 结果判定与报告

① 样品经保温试验未胀罐（袋、瓶、杯等）或未泄漏时，保温后开启，经感官检查、pH 测定、涂片镜检，确证无微生物增殖现象，则可报告该样品为商业无菌。

② 样品经保温试验未胀罐（袋、瓶、杯等）或未泄漏时，保温后开启，经感官检查、pH 测定、涂片镜检，确证有微生物增殖现象，则可报告该样品为非商业无菌。

③ 样品经保温试验发生胀罐（袋、瓶、杯等）且感官异常或泄漏时，直接判定为非商业无菌。

 任务拓展

1. 罐头食品以及软包装食品的正确开罐方法是怎样的？
2. 什么是食品商业无菌？食品商业无菌检验有何意义？
3. 商业无菌的检样指标有哪些？

实训报告

操作记录											
实训名称：											
班级：			姓名：				学号：				
培养基及试剂配制											
时间	培养基（试剂）名称	成分质量/g	蒸馏水/L	pH值	分装体积/[mL/瓶（管）]	数量/瓶（管）	灭菌方式	灭菌温度/°C	灭菌时间/min	配制人	
检验记录单											
样品名称						样品批号					
检验项目						检测依据					
检测地点						收样日期					
样品准备	□ 无异常		□ 异常			检测日期					
检验记录	保温罐（36℃ 10d）					对照罐（2～5℃ 10d）					
保温前称重/g						保温后称重/g					
项目	检样					对照					
保温观察	□ 膨胀 □ 泄漏					□ 膨胀 □ 泄漏					
内容物	组织 形态 色泽 气味	□ 异常 □ 无异常 □ 有腐败变质 □ 无腐败变质				组织 形态 色泽 气味	□ 异常 □ 无异常 □ 有腐败变质 □ 无腐败变质				
pH值											
	□ 显著差异 □ 无显著差异										
染色镜检/（个/视野）											
	□ 明显的微生物增殖现象					□ 无明显的微生物增殖现象					
合格情况											
操作步骤及反思：											
检测人：						复核人：					

知识链接

一、商业无菌及相关概念

1. 商业无菌

食品经过适度的热杀菌，不含有致病性微生物，也不含有在通常温度下能在其中繁殖的非致病性微生物的状态。

2. 低酸性食品

凡杀菌后平衡 pH 大于 4.6，水分活度大于 0.85 的食品。

3. 酸性罐藏食品

未经酸化，杀菌后食品本身或汤汁平衡 pH 小于或等于 4.6、水分活度大于 0.85 的食品。pH 小于 4.7 的番茄制品为酸性食品。

4. 密封

食品容器经密闭后能阻止微生物进入的状态。

5. 胀罐

罐头内微生物活动或化学作用产生气体，形成正压，使一端或两端外凸的现象。

6. 泄漏

罐头密封结构有缺陷，或由于撞击而破坏密封，或管壁腐蚀而穿孔致微生物侵入的现象。

二、罐头食品微生物的来源

1. 杀菌不彻底致罐头内残留微生物

为了保持罐头食品正常的营养价值和感官性状，加工过程的加热杀菌环节，只强调杀死病原菌和产毒菌，不能使罐头食品完全无菌，实质上只是达到商业灭菌程度。罐内残留的未被杀死的耐热性芽孢和一些非致病性微生物，在一定的保存期限内，一般不会生长繁殖，不会引起食品腐败变质，但是一旦罐内条件或贮存条件发生改变，有利于这部分微生物生长繁殖时，就会造成罐头变质。

2. 杀菌后发生漏罐

罐头经杀菌后，若封罐不严则容易造成漏罐致使微生物污染。冷却水是造成漏罐污染的重要污染源，罐头经热处理后需要通过冷却水进行冷却，冷却水中的微生物就有可能通过漏罐处进入罐内；空气也是造成漏罐污染的污染源，空气通过漏罐处进入罐内，使氧含量升高，各种微生物生长繁殖，从而导致内容物 pH 值下降，严重的会出现感官变化。

任务四　酸乳中乳酸菌检验

任务目标

学会对市售的酸乳进行乳酸菌检验，并完成检验报告。

任务实施

一、设备与材料准备

1. 设备

恒温培养箱（36℃±1℃）、冰箱（2～5℃）、恒温水浴箱（46℃±1℃）、天平（感量为0.1g）、均质器、超净工作台、高压蒸汽灭菌锅、菌落计数器。

2. 材料

①无菌吸管：1mL（具0.01mL刻度）、10mL（具0.1mL刻度）；或微量移液器及吸头。②无菌锥形瓶：容量250mL、500mL。③无菌培养皿：直径90mm。④无菌试管：18mm×180mm。⑤无菌均质袋。⑥pH计或精密pH试纸。

3. 样品

酸乳。

二、培养基与试剂配制

1. 配制MRS培养基

称取64.25g MRS培养基成分加入到1000mL蒸馏水中，加热溶解，调节pH至6.2，分装后121℃高压灭菌15～20min。临用时加热融化琼脂，在水浴中冷却至48℃，加入莫匹罗星锂盐储备液，使培养基中莫匹罗星锂盐的浓度为50μg/mL。

2. 配制MC培养基

称取76g MC培养基成分加入1000mL蒸馏水中，加热溶解，调节pH6.0，分装后121℃高压灭菌15～20min。

三、操作步骤

具体检验程序见图6-12。

1. 样品制备

① 样品的全部制备过程均应遵循无菌操作程序。稀释液在试验前应在36℃±1℃条件下充分预热15～30min。冷冻样品可先使其在2～5℃条件下解冻，时间不超过18h，也可在温度不超过45℃的条件下解冻，时间不超过15min。

② 样品处理：将塑料或纸盒（袋）装酸乳摇匀，用75%酒精棉球消毒盒盖或袋口，用灭菌剪刀剪开；用灭菌吸管吸取25mL检样，放入装有225mL灭菌生理盐水的无菌锥形瓶（瓶内预置适当数量的无菌玻璃珠）中，充分振摇，制成1∶10的样品匀液。

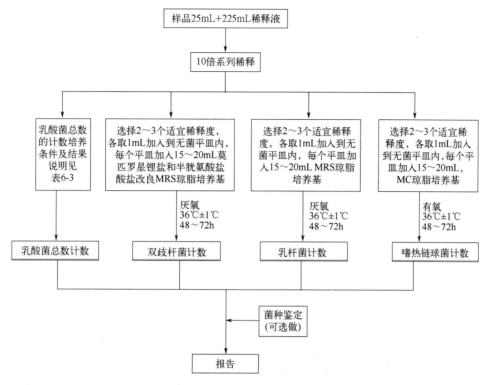

图 6-12 乳酸菌检验程序

2. 稀释

(1) 制 1∶100 样品液　用 1mL 无菌吸管或微量移液器吸取 1∶10 样品匀液 1mL,沿管壁缓慢注于装有 9mL 生理盐水的无菌试管中(注意吸管尖端不要触及稀释液),振摇试管或换用 1 支无菌吸管反复吹打使其混合均匀,制成 1∶100 的样品液。

(2) 稀释　另取 1mL 无菌吸管或微量移液器吸头,按上述操作顺序,配制 10 倍递增样品匀液,每递增稀释一次,即换用 1 次 1mL 灭菌吸管或吸头。

(3) 乳酸菌计数

① 乳酸菌总数的计数培养条件及结果说明见表 6-3。

表 6-3　乳酸菌总数的计数培养条件及结果说明

样品中所包括乳酸菌菌属	培养条件的选择及结果说明
仅包括双歧杆菌属	按 GB 4789.34—2016 规定执行
仅包括乳杆菌属	按照④操作,结果即为乳杆菌属总数
仅包括嗜热链球菌	按照③操作,结果即为嗜热链球菌总数
同时包括双歧杆菌属和乳杆菌属	按照④操作,结果即为乳酸菌总数; 如单独计数双歧杆菌属数目,按照②操作
同时包括双歧杆菌属和嗜热链球菌	按照②和③操作,二者结果之和即为乳酸菌总数; 如需单独计数双歧杆菌属数目,按照②操作

续表

样品中所包括乳酸菌菌属	培养条件的选择及结果说明
同时包括乳杆菌属和嗜热链球菌	按照③和④操作，二者之和即为乳酸菌总数； ③结果为嗜热链球菌总数； ④结果为乳杆菌属总数
同时包括双歧杆菌属、乳杆菌属和嗜热链球菌	按照③和④操作，二者结果之和即为乳酸菌总数； 如需单独计数双歧杆菌属数目，按照②操作

② 双歧杆菌计数。根据对待检样品双歧杆菌含量的估计，选择 2~3 个连续的适宜稀释度，每个稀释度吸取 1mL 样品匀液于灭菌平皿内，每个稀释度做两个平皿。稀释液移入平皿后，将冷却至 48~50℃的 15~20mL 莫匹罗星锂盐和半胱氨酸盐酸盐改良的 MRS 培养基倾注入平皿，转动平皿使混合均匀。凝固后倒置于 36℃±1℃厌氧培养，一般培养 48h，若菌落无生长或生长较少可选择培养至 72h，培养后计数平板上的所有菌落数。从样品稀释到平板倾注要求在 15 min 内完成。

③ 嗜热链球菌计数。根据待检样品嗜热链球菌活菌数的估计，选择 2~3 个连续的适宜稀释度，每个稀释度吸取 1mL 样品匀液于灭菌平皿内，每个稀释度做两个平皿。稀释液移入平皿后，将冷却至 48~50℃的 15~20mL MC 培养基倾注入平皿，转动平皿使混合均匀。凝固后倒置于 36℃±1℃有氧培养，一般培养 48h，若菌落无生长或生长较少可选择培养至 72h。嗜热链球菌在 MC 琼脂平板上的菌落特征为：菌落中等偏小，边缘整齐光滑的红色菌落，直径 2mm±1mm，菌落背面为粉红色。

④ 乳杆菌计数。根据待检样品活菌总数的估计，选择 2~3 个连续的适宜稀释度，每个稀释度吸取 1mL 样品匀液于灭菌平皿内，每个稀释度做两个平皿。稀释液移入平皿后，将冷却至 48~50℃的 15~20mL MRS 琼脂培养基倾注入平皿，转动平皿使混合均匀。凝固后倒置于 36℃±1℃厌氧培养，一般培养 48h，若菌落无生长或生长较少可选择培养至 72h。从样品稀释到平板倾注要求在 15min 内完成。

3. 菌落计数

可用肉眼观察，必要时用放大镜或菌落计数器，记录稀释倍数和相应的菌落数量。菌落计数以菌落形成单位（CFU）表示。

① 选取菌落数在 30~300 CFU 之间、无蔓延菌落生长的平板计数菌落总数。低于 30 CFU 的平板记录具体菌落数，高于 300 CFU 的可记录为"多不可计"。每个稀释度的菌落数应采用两个平板的平均数。

② 其中一个平板有较大片状菌落生长时，则不宜采用，而应以无片状菌落生长的平板作为该稀释度的菌落数；若片状菌落不到平板的一半，而其余一半中菌落分布又很均匀，即可计算半个平板后乘以 2，代表一个平板菌落数。

③ 当平板上出现菌落间无明显界线的链状生长时，则将每条单链作为一个菌落计数。

4. 结果计算

参考项目六任务一中结果计算。

5. 菌落数的报告

① 菌落数小于 100CFU 时，按"四舍五入"原则修约，以整数报告。

② 菌落数大于或等于 100CFU 时，第 3 位数字采用"四舍五入"原则修约后，取前 2

位数字，后面用"0"代替位数；也可用 10 的指数形式来表示，按"四舍五入"原则修约后，采用两位有效数字。

6. 结果与报告

根据菌落计数结果出具报告，报告单位以 CFU/mL 表示。

 任务拓展

1. 双歧杆菌、嗜热链球菌、乳杆菌的典型菌落特征和细胞形态有什么区别？
2. 食品乳酸菌计数过程中有哪些注意事项？
3. 列举乳酸菌检验所需培养基。

笔记

实训报告

操作记录

实训名称：
班级：　　　　　　　　姓名：　　　　　　　　学号：

培养基及试剂配制

时间	培养基（试剂）名称	成分质量/g	蒸馏水/L	pH值	分装体积/[mL/瓶（管）]	数量/瓶（管）	灭菌方式	灭菌温度/℃	灭菌时间/min	配制人

检验记录单

检测项目：　　　　　　　　　　　　　　　检测依据：
样品名称：　　　　　　　　　　　　　　　样品数量：
收样日期：　　　　　　　　　　　　　　　检测日期：

操作步骤及反思：

结果记录报告

空白对照：

菌属	各稀释度菌落数		镜检	生化鉴定	结果报告	单项判定
乳酸菌总数						
双歧杆菌						
嗜热链球菌						
乳杆菌						

检测人：　　　　　　　　　　　　　　　复核人：

知识链接

一、乳酸菌

乳酸菌是指一类能利用可发酵糖产生大量乳酸的革兰氏阳性细菌，呈球状、杆状和不固定的多形态状，一般无芽孢，仅少数种生芽孢；不能液化明胶、不产生吲哚、无运动、触酶阴性、硝酸还原酶阴性及细胞色素氧化酶阴性。生理上有需氧、微需氧、耐氧和严格厌氧四种类型，对糖的分解有有氧途径和厌氧途径。目前，对乳酸菌的分类不断有变化且更加细致，已知乳酸菌有10多个属100多个种。目前，用于发酵工业生产乳酸和乳制品的乳酸菌属共50多种，生产中比较重要的属有乳链球菌属、片球菌属、明串珠菌属、乳杆菌属、双歧杆菌属等。

二、乳酸菌在食品工业中的应用

在发酵食品行业中乳酸菌应用非常广泛。大量研究表明，发酵食品生产过程中，乳酸菌能够利用糖类产生以乳酸为主的发酵产物，降低产品 pH 值，还可以产生乳酸菌素，抑制腐败菌和致病菌的生长；同时，此类微生物能在微好氧环境下代谢，产生乙酸、乙醇、乙醛和双乙酰等芳香代谢物质，进而促进食品特殊风味的生成。

双歧杆菌属（*Bifidobacterium*）细胞形态多样，有棍棒状、勺状、"V"形、弯曲状、"Y"形等，单生、成对或链状。能发酵葡萄糖、果糖、乳糖和半乳糖，蛋白质分解力微弱，对抗生素敏感。常存在于婴幼儿肠道中，有益于婴幼儿发育，对人体免疫功能的加强有益。

嗜热链球菌（*Streptococcus thermophilus*）细胞呈卵圆形，成对或形成长链，细胞形态与培养条件有关。能发酵葡萄糖、果糖，不能发酵麦芽糖，易发酵蔗糖和乳糖，蛋白质分解力微弱，对抗生素敏感。嗜热链球菌是生产瑞士干酪、砖形干酪和酸乳的优良菌种。

项目七

食品中常见致病菌检验技术

项目导入

食品致病菌是可以引起食物中毒或以食品为传播媒介的致病性微生物，可直接或间接污染食品及水源，可导致人类肠道传染病的发生、食物中毒以及畜禽传染病的流行。食源性致病菌是导致食品安全问题的重要因素。食品致病菌检验能够对食品被致病菌污染的程度做出正确的评价，为传染病和食物中毒提供防治依据。同时，可以有效地减少或防止食物中毒、人畜共患病的发生，保障人们的身体健康。

食品中致病菌限量标准是食品安全基础标准的重要组成部分。标准提出了沙门氏菌、金黄色葡萄球菌、副溶血性弧菌、单核细胞增生李斯特氏菌、大肠埃希氏菌、志贺氏菌等几种主要致病菌在肉制品、水产制品、粮食制品、即食果蔬制品、饮料及冷冻饮品、即食调味品等多类食品中的限量要求。

学习目标

素质目标　具备科学创新思维和与时俱进精神，具备安全意识和诚信意识，培养求真务实、精益求精的工匠精神和良好的劳动习惯。

知识目标　了解常见致病菌的生物特性和检验的意义，掌握常见致病菌的检验流程和评价方式。

能力目标　学会解读食品中常见致病菌的检验方法标准；能按照检验方法对常见致病菌进行检验，记录原始过程；能判定及报告检验结果。

任务一 乳制品中金黄色葡萄球菌检验

子任务一 调制乳中金黄色葡萄球菌定性检验

 任务目标

学会对市售调制乳进行金黄色葡萄球菌定性检验，并完成检验报告。

 任务实施

一、设备与材料准备

1. 设备

恒温培养箱（36℃±1℃）、冰箱（2～5℃）、恒温水浴箱（37～65℃）、天平（感量为0.1g）、均质器、超净工作台、高压蒸汽灭菌锅。

2. 材料

①无菌吸管：1mL（具0.01mL刻度）、10mL（具0.1mL刻度）；或微量移液器及吸头。②无菌锥形瓶：容量250mL、500mL。③无菌试管：18mm×180mm、16mm×160mm。④无菌培养皿：直径90mm。⑤无菌均质袋。⑥pH计或精密pH试纸。

3. 样品

调制乳。

二、培养基与试剂配制

1. 制备7.5%氯化钠肉汤

称取90g 7.5%氯化钠肉汤成分溶于1000mL蒸馏水中，加热溶解，调节pH至7.4，分装，每瓶225mL，121℃高压灭菌15min。

2. 配制血琼脂平板

称取33g血琼脂成分加入100mL蒸馏水中，调节pH至7.4～7.6，加热融化，冷却至50℃，以无菌操作加入脱纤维羊血5～10mL，摇匀，倾注平板。

3. 配制Baird-Parker琼脂平板

称取63g Baird-Parker琼脂成分加到950mL蒸馏水中，加热煮沸至完全溶解，调节pH7.0±0.2。每瓶分装95mL，121℃高压灭菌15min。临用时加热融化，冷至50℃，每95mL加入预热至50℃的卵黄亚碲酸钾增菌剂5mL，摇匀后倾注平板。

4. 配制脑心浸出液肉汤（BHI）

称取37g脑心浸出液肉汤成分加入1000mL蒸馏水中加热溶解，调节pH7.4±0.2，分装16mm×160mm试管，每管5mL，置121℃，15min灭菌。

5. 配制营养琼脂小斜面

称取蛋白胨10.0g、牛肉膏3.0g、氯化钠5.0g溶于1000mL蒸馏水中，调节pH7.2～7.4，加入琼脂 15.0~20.0g，煮沸融化，分装，121℃高压灭菌 15min。

6. 无菌生理盐水

称取 8.5g 氯化钠溶于 1000mL 蒸馏水中，121℃高压灭菌 15min。

三、操作步骤

具体检验程序见图 7-1。

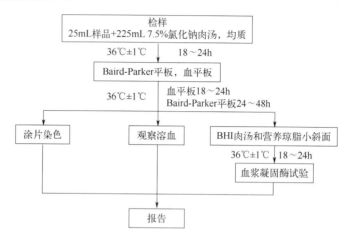

图 7-1 金黄色葡萄球菌定性检验程序

1. 样品的处理

将盒装或软包装调制乳，用 75%酒精棉球擦拭外包装后用灭菌纱布覆盖，再用灭菌剪刀剪开。以无菌吸管吸取 25mL 样品至盛有 225 mL 7.5%氯化钠肉汤的无菌均质袋中，用拍击式均质器拍打 1~2min，制成 1：10 的样品匀液。

2. 增菌和分离培养

（1）培养　将上述样品匀液于 36℃±1℃培养 18~24h。金黄色葡萄球菌在 7.5%氯化钠肉汤中呈混浊生长。

（2）划线接种　将上述培养物，分别划线接种到 Baird-Parker 平板（简称 B-P 平板）和血平板，血平板 36℃±1℃培养 18~24h，Baird-Parker 平板 36℃±1℃培养 24~48h。

金黄色葡萄球菌在 Baird-Parker 平板上呈圆形，表面光滑、凸起、湿润，菌落直径为 2~3 mm，颜色呈灰黑色至黑色，有光泽，常有浅色（非白色）的边缘，周围绕以不透明圈（沉淀），其外常有一清晰带（见图 7-2），用接种针触及菌落有黄油样黏稠感。长期保存的冷冻或脱水食品中所分离的菌落比典型菌落颜色较淡些，外观可能粗糙并干燥。在血平板上，形成菌落较大，呈圆形、光滑、凸起、湿润、金黄色（有时为白色），菌落周围可见完全透明溶血圈（见图 7-3）。挑取上述菌落进行革兰氏染色镜检及血浆凝固酶试验。

3. 鉴定

（1）染色镜检

① 涂片在火焰上固定，滴加结晶紫染色液，染 1min，水洗。

② 滴加革兰氏碘液，作用 1min，水洗。

③ 滴加 95%乙醇脱色 20~30s，直至染色液被洗掉，不要过分脱色，水洗。

④ 滴加复染液，复染 1min，水洗、待干、镜检。

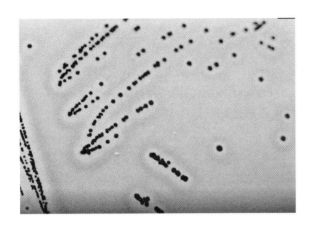 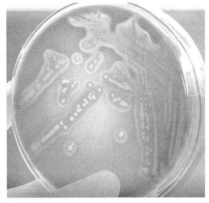

图 7-2　金黄色葡萄球菌在 Baird-Parker 平板菌落特征　　图 7-3　金黄色葡萄球菌在血平板的溶血圈

金黄色葡萄球菌为革兰氏阳性球菌,排列呈葡萄球状,无芽孢,无荚膜,直径为 0.5～1μm。

（2）血浆凝固酶试验　挑取 Baird-Parker 平板或血平板上至少 5 个可疑菌落（小于 5 个全选），分别接种到 5 mL BHI 和营养琼脂小斜面,36℃±1℃培养 18～24h。

取新鲜配制兔血浆 0.5mL,放入小试管中,再加入 BHI 培养物 0.2～0.3mL,振荡摇匀,置 36℃±1℃恒温水浴箱内,每半小时观察一次,观察 6h,如图 7-4 所示,如呈现凝固状态（即将试管倾斜或倒置时,呈现凝块）或凝固体积大于原体积的一半,则判定为阳性结果。同时以血浆凝固酶试验阳性和阴性葡萄球菌菌株的肉汤培养物作为对照。也可用商品化的试剂,按说明书操作,进行血浆凝固酶试验。结果如可疑,挑取营养琼脂小斜面的菌落到 5mL BHI,36℃±1℃培养 18～48h,重复试验。

图 7-4　金黄色葡萄球菌血浆凝固酶试验

4. 结果与报告

（1）结果判定　菌落形态符合金黄色葡萄球菌在 Baird-Parker 平板和血平板上的典型菌落特征,镜检结果为革兰氏染色葡萄球菌,血浆凝固酶试验阳性,可判定为金黄色葡萄球菌。

（2）结果报告　在 25mL 样品中检出或未检出金黄色葡萄球菌。

模块二　食品微生物检验技术

任务拓展

1. 金黄色葡萄球菌有哪些生物学特性?
2. 简述金黄色葡萄球菌在血平板和 Baird-Parker 平板上的菌落特征。
3. 鉴定金黄色葡萄球菌时为什么要进行染色试验?

笔记

实训报告

操作记录

实训名称：
班级：　　　　　　　姓名：　　　　　　　学号：

培养基及试剂配制

时间	培养基（试剂）名称	成分质量/g	蒸馏水/L	pH 值	分装体积/[mL/瓶（管）]	数量/瓶（管）	灭菌方式	灭菌温度/℃	灭菌时间/min	配制人

检验记录单

检测项目：　　　　　　　　　　　检测依据：
样品名称：　　　　　　　　　　　样品数量：
收样日期：　　　　　　　　　　　检测日期：

操作步骤及反思：

结果记录报告

菌落形态特征描述	血平板：								
	B-P 平板：								
有无溶血圈	染色镜检			血浆凝固酶试验	结果报告	产品限量要求	单项判定		
	形态	颜色	染色判定						

检测人：　　　　　　　　　　　复核人：

子任务二　乳粉中金黄色葡萄球菌 Baird-Parker 平板计数法

任务目标

学会对市售袋装的乳粉进行金黄色葡萄球菌 Baird-Parker 平板计数法检验，并完成检验报告。

任务实施

一、设备与材料准备

1. 设备

恒温培养箱（36℃±1℃）、冰箱（2~5℃）、恒温水浴箱（37~65℃）、天平（感量为0.1g）、均质器、超净工作台、高压蒸汽灭菌锅。

2. 材料

①无菌吸管：1mL（具0.01mL刻度）、10mL（具0.1mL刻度）；或微量移液器及吸头。②无菌锥形瓶：容量250mL、500mL。③无菌试管：18mm×180mm。④无菌培养皿：直径90mm。⑤无菌均质袋。⑥pH计或精密pH试纸。⑦无菌L形涂布棒。

3. 样品

袋装乳粉。

二、培养基与试剂配制

培养基与试剂配制同子任务一。

三、操作步骤

具体检验程序见图7-5。

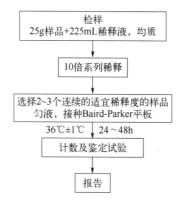

图7-5　金黄色葡萄球菌 Baird-Parker 平板计数检验程序

1. 样品的稀释

① 样品处理。乳粉外包装用 75%酒精消毒,灭菌剪刀开口,用无菌勺称取 25g 样品,置于盛有 225mL 生理盐水的无菌均质袋中,用拍击式均质器拍打 1～2min,制成 1:10 的样品匀液。

② 用 1mL 无菌吸管或微量移液器吸取 1:10 样品匀液 1mL,沿管壁缓慢注于盛有 9mL 稀释液的无菌试管中(注意吸管或吸头尖端不要触及稀释液面),振摇试管或换用 1 支 1mL 无菌吸管反复吹打使其混合均匀,制成 1:100 的样品匀液。

③ 按上述操作程序,依次制备 10 倍系列稀释样品匀液。每递增稀释一次,换用 1 次 1mL 无菌吸管或吸头。

2. 样品的接种

根据对样品污染情况的估计,选择 2～3 个适宜稀释度的样品匀液(液体样品可包括原液),在进行 10 倍递增稀释时,每个稀释度分别吸取 1mL 样品匀液以 0.3mL、0.3mL、0.4mL 接种量分别加入三块 Baird-Parker 平板,然后用无菌 L 形涂布棒涂布整个平板,注意不要触及平板边缘。使用前,若 Baird-Parker 平板表面有水珠,可放在 25～50℃的培养箱里干燥,直到平板表面的水珠消失。

3. 培养

在通常情况下,涂布后,将平板静置 10min,如样液不易吸收,可将平板放在培养箱 36℃±1℃培养 1h;等样品匀液吸收后翻转平皿,倒置于培养箱,36℃±1℃培养 24～48h。

4. 典型菌落计数和确认

① 金黄色葡萄球菌在 Baird-Parker 平板上呈圆形,表面光滑、凸起、湿润,菌落直径为 2～3mm,颜色呈灰黑色至黑色,有光泽,常有浅色(非白色)的边缘,周围绕以不透明圈(沉淀),其外常有一清晰带。

② 选择有典型的金黄色葡萄球菌菌落的平板,且同一稀释度 3 个平板所有菌落数合计在 20～200CFU 之间的平板,计数典型菌落数。

③ 从典型菌落中任选 5 个菌落(小于 5 个全选),分别做染色镜检和血浆凝固酶试验。同时划线接种到血平板 36℃±1℃培养 18h～24h 后观察菌落形态,金黄色葡萄球菌菌落较大,呈圆形、光滑、凸起、湿润、金黄色(有时为白色),菌落周围可见完全透明溶血圈。

5. 结果计算

① 只有一个稀释度平板的菌落数在 20～200CFU 之间且有典型菌落,计数该稀释度平板上的典型菌落。

② 最低稀释度平板的菌落数小于 20CFU 且有典型菌落,计数该稀释度平板上的典型菌落。

③ 某一稀释度平板的菌落数大于 200CFU 且有典型菌落,但下一稀释度平板上没有典型菌落,应计数该稀释度平板上的典型菌落。

④ 某一稀释度平板的菌落数大于 200CFU 且有典型菌落,且下一稀释度平板上有典型菌落,但其平板上的菌落数不在 20～200CFU 之间,应计数该稀释度平板上的典型菌落;以上按式(7-1)计算。

⑤ 2 个连续稀释度平板菌落数均在 20～200CFU 之间,按式(7-2)计算。

$$T = \frac{AB}{Cd} \tag{7-1}$$

式中 T——样品中金黄色葡萄球菌菌落数;
A——某一稀释度典型菌落的总数;
B——某一稀释度鉴定为阳性的菌落数;
C——某一稀释度用于鉴定试验的菌落数;
d——稀释因子。

$$T = \frac{(A_1B_1/C_1)+(A_2B_2/C_2)}{1.1d} \tag{7-2}$$

式中 T——样品中金黄色葡萄球菌菌落数;
A_1——第一稀释度(低稀释倍数)典型菌落的总数;
A_2——第二稀释度(高稀释倍数)典型菌落的总数;
B_1——第一稀释度(低稀释倍数)鉴定为阳性的菌落数;
B_2——第二稀释度(高稀释倍数)鉴定为阳性的菌落数;
C_1——第一稀释度(低稀释倍数)用于鉴定试验的菌落数;
C_2——第二稀释度(高稀释倍数)用于鉴定试验的菌落数;
1.1——计算系数;
d——稀释因子(第一稀释度)。

6. 结果与报告

根据 Baird-Parker 平板上金黄色葡萄球菌的典型菌落数计算结果,报告 1g 样品中金黄色葡萄球菌数,以 CFU/g 表示;如 T 值为 0,则以 "小于 1" 乘以最低稀释倍数报告。

任务拓展

1. 平板计数法中如何进行金黄色葡萄球菌的检测报告?
2. 鉴定致病性金黄色葡萄球菌的重要指标是什么?
3. 简述金黄色葡萄球菌染色镜检的操作步骤。

笔记

实训报告

<table>
<tr><td colspan="11" align="center">操作记录</td></tr>
<tr><td colspan="11">实训名称：
班级：　　　　　　　　姓名：　　　　　　　　学号：</td></tr>
<tr><td colspan="11" align="center">培养基及试剂配制</td></tr>
<tr><td>时间</td><td>培养基（试剂）名称</td><td>成分质量/g</td><td>蒸馏水/L</td><td>pH 值</td><td>分装体积/[mL/瓶（管）]</td><td>数量/瓶（管）</td><td>灭菌方式</td><td>灭菌温度/℃</td><td>灭菌时间/min</td><td>配制人</td></tr>
<tr><td></td><td></td><td></td><td></td><td></td><td></td><td></td><td></td><td></td><td></td><td></td></tr>
<tr><td></td><td></td><td></td><td></td><td></td><td></td><td></td><td></td><td></td><td></td><td></td></tr>
<tr><td></td><td></td><td></td><td></td><td></td><td></td><td></td><td></td><td></td><td></td><td></td></tr>
<tr><td></td><td></td><td></td><td></td><td></td><td></td><td></td><td></td><td></td><td></td><td></td></tr>
<tr><td></td><td></td><td></td><td></td><td></td><td></td><td></td><td></td><td></td><td></td><td></td></tr>
<tr><td colspan="11" align="center">检验记录单</td></tr>
<tr><td colspan="11">检测项目：　　　　　　　　　　　　　　　检测依据：
样品名称：　　　　　　　　　　　　　　　样品数量：
收样日期：　　　　　　　　　　　　　　　检测日期：</td></tr>
<tr><td colspan="11">操作步骤及反思：

</td></tr>
<tr><td colspan="11" align="center">结果记录报告</td></tr>
<tr><td rowspan="2">菌落形态特征描述</td><td colspan="10">B-P 平板：</td></tr>
<tr><td colspan="10">血平板：</td></tr>
<tr><td>镜检判定</td><td colspan="10"></td></tr>
<tr><td colspan="3" align="center">各稀释度典型菌落数</td><td colspan="2">血浆凝固酶试验阳性数</td><td colspan="2">结果报告</td><td colspan="2">产品限量要求</td><td colspan="2">单项判定</td></tr>
<tr><td></td><td></td><td></td><td colspan="2"></td><td colspan="2"></td><td colspan="2"></td><td colspan="2"></td></tr>
<tr><td></td><td></td><td></td><td colspan="2"></td><td colspan="2"></td><td colspan="2"></td><td colspan="2"></td></tr>
<tr><td></td><td></td><td></td><td colspan="2"></td><td colspan="2"></td><td colspan="2"></td><td colspan="2"></td></tr>
<tr><td colspan="11">计算过程：

</td></tr>
<tr><td colspan="11">检测人：　　　　　　　　　　　　　复核人：</td></tr>
</table>

> 知识链接

一、金黄色葡萄球菌生物学特性

金黄色葡萄球菌为葡萄球菌属，革兰氏阳性球菌，呈葡萄状排列，需氧或兼性厌氧，最适生长温度 37℃，pH7.4，耐盐性较强，最高可在盐浓度接近 15% 的环境中生长。对高温有一定的耐受能力，在 80℃ 以上的高温环境下 30min 才可以将其彻底杀死。

金黄色葡萄球菌对营养要求不高，在普通培养基中生长良好，可形成圆形，表面光滑，边缘整齐，不透明，能产生黄色色素；若加少量葡萄糖或血液生长更旺盛，在血平板上菌落周围产生透明溶血圈；在普通肉汤中混浊生长，时间过长时，有少量沉淀。

二、检验的意义

金黄色葡萄球菌是常见的食源性致病菌，广泛存在于自然环境中。金黄色葡萄球菌在适当的条件下，能够产生肠毒素，引起食物中毒；也可引起肺炎、心包炎等，甚至败血症、脓毒症等全身感染。其致病力主要取决于产生的毒素和侵袭性酶，包括溶血素、杀白细胞素、血浆凝固酶、肠毒素等。

金黄色葡萄球菌可在食品中大量生长繁殖，产生毒素，一旦误食了含有毒素的食品，就可能发生食物中毒，故食品中存在金黄色葡萄球菌对人体健康是一种潜在威胁，检验食品中金黄色葡萄球菌及其数量具有实际意义。

三、限量标准与检验方法

我国于 2021 年年发布了《食品安全国家标准 预包装食品中致病菌限量》（GB 29921—2021），制定了金黄色葡萄球菌的限量标准，规定肉制品、即食果蔬制品、粮食制品、冷冻饮品、即食调味料等食品中，同批次采集 5 份样品，每份样品中的金黄色葡萄球菌浓度均不得超出 1000 CFU/g，仅允许其中 1 份样品可超出 100CFU/g，但不得超出 1000CFU/g。

目前我国食品中金黄色葡萄球菌的检验，依据国家标准《食品安全国家标准 食品微生物学检验 金黄色葡萄球菌检验》（GB 4789.10—2016）中的方法进行。其中第一法适用于食品中金黄色葡萄球菌的定性检验；第二法适用于金黄色葡萄球菌含量较高的食品中金黄色葡萄球菌的计数。

任务二　果蔬制品中沙门氏菌检验

任务目标

学会对市售的即食果蔬制品进行沙门氏菌定性检验，并完成检验报告。

任务实施

一、设备与材料准备

1. 设备

恒温培养箱（36℃±1℃，42℃±1℃）、冰箱（2～5℃）、恒温水浴箱（37～65℃）、天平（感量为 0.1g）、均质器、超净工作台、高压蒸汽灭菌锅、全自动微生物生化鉴定系统。

2. 材料

①无菌吸管：1mL（具 0.01mL 刻度）、10mL（具 0.1mL 刻度）；或微量移液器及吸头。②无菌锥形瓶：容量 250mL、500mL。③无菌试管：3mm×50mm、10mm×75mm。④无菌培养皿：直径 90mm。⑤无菌均质袋。⑥pH 计或精密 pH 试纸。

3. 样品

即食果蔬制品。

二、培养基与试剂配制

1. 配制缓冲蛋白胨水（BPW）

称取 25.5g 缓冲蛋白胨水成分，加入 1000mL 蒸馏水中，搅拌均匀，静置约 10min，煮沸溶解，调节 pH 至 7.2±0.2，高压灭菌 121℃，15min。

2. 配制四硫磺酸钠煌绿（TTB）增菌液

称取 93.7g 四硫磺酸钠煌绿增菌液成分，加入 1000mL 蒸馏水中，搅拌均匀，煮沸溶解，调节 pH 至 7.2±0.2，高压灭菌 121℃，15min。

3. 配制亚硒酸盐胱氨酸（SC）增菌液

称取 23g 亚硒酸盐胱氨酸增菌液成分加入 1000mL 蒸馏水中，煮沸溶解，冷却至 55℃以下，以无菌操作加入亚硒酸氢钠和 1g/LL-胱氨酸溶液 10mL 摇匀，调节 pH 至 7.2±0.2。

4. 配制亚硫酸铋（BS）琼脂

称取 50.3g 亚硫酸铋琼脂成分加入 1000mL 蒸馏水中，煮沸溶解并混匀，调节 pH 至 7.5±0.2，冷却至 50～55℃，倾注平皿。

5. 配制木糖赖氨酸脱氧胆盐（XLD）琼脂

称取 57.0g 木糖赖氨酸脱氧胆盐（XLD）琼脂成分加入 1000mL 蒸馏水中，煮沸溶解并混匀，调节 pH 至 7.4±0.2，待冷却至 50～55℃，倾注平皿。

三、操作步骤

具体检验程序见图 7-6。

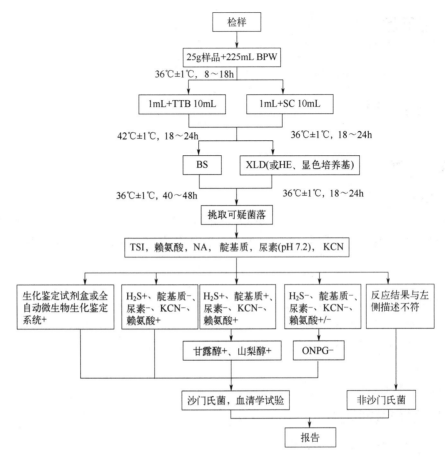

图 7-6 沙门氏菌检验程序

1. 预增菌

使用无菌方式称取果蔬制品样品 25g 置于盛有 225mL BPW 的无菌均质袋中，用拍击式均质器拍打 1～2min，制成 1:10 的样品匀液。用 1mol/mL 无菌 NaOH 或 HCl 调 pH 至 6.8±0.2。将样品匀液于 36℃±1℃ 培养 8～18h。

2. 增菌

轻轻摇动培养过的 BPW 培养液，使用灭菌的移液管或者移液器移取 1mL 预增菌液，接种于 10mL TTB 肉汤内，于 42℃±1℃ 培养 18～24h。同时，另取预增菌液后的培养物 1mL，转种于 10mL SC 内，涡旋混匀，于 36℃±1℃ 培养 18～24h。

3. 分离

分别用直径 3mm 的接种环取增菌液 1 环，划线接种于一个 BS 琼脂平板和一个 XLD 琼脂平板（或 HE 琼脂平板，或沙门氏菌属显色培养基平板），于 36℃±1℃ 分别培养 40～48h（BS 琼脂平板）或 18～24h（XLD 琼脂平板、HE 琼脂平板、沙门氏菌属显色培养基平板），观察各个平板上生长的菌落，各个平板上的菌落特征见图 7-7 和表 7-1。

(a) 亚硫酸铋(BS)琼脂平板

(b) 木糖赖氨酸脱氧胆盐(XLD)琼脂平板

图 7-7 沙门氏菌在两种平板上的菌落形态

表 7-1 沙门氏菌在不同选择性琼脂平板上的菌落特征

选择性琼脂平板	沙门氏菌
BS 琼脂	菌落为黑色有金属光泽、棕褐色或灰色，菌落周围培养基可呈黑色或棕色；有些菌株形成灰绿色的菌落，周围培养基不变
HE 琼脂	菌落呈蓝绿色或蓝色，多数菌落中心黑色或几乎全黑色；有些菌株为黄色，中心黑色或几乎全黑色
XLD 琼脂	菌落呈粉红色，带或不带黑色中心，有些菌株呈现大的带光泽的黑色中心，或呈现全部黑色的菌落；有些菌株为黄色菌落，带或不带黑色中心
沙门氏菌显色培养基	按照显色培养基的说明进行判定

4. 生化试验

① 自选择性琼脂平板上分别挑取 2 个或 2 个以上典型或可疑菌落，接种三糖铁琼脂（TSI），先在斜面划线，再于底层穿刺；接种针不要灭菌，直接接种赖氨酸脱羧酶试验培养基和营养琼脂平板（NA），于 36℃±1℃培养 18~24h，必要时可延长至 48h。在三糖铁琼脂和赖氨酸脱羧酶试验培养基内，沙门氏菌的反应结果见表 7-2。

表 7-2 沙门氏菌在三糖铁琼脂和赖氨酸脱羧酶试验培养基内的反应结果

三糖铁琼脂				赖氨酸脱羧酶试验培养基	初步判断
斜面	底层	产气	H$_2$S		
K	A	+(-)	+(-)	+	可疑沙门氏菌
K	A	+(-)	+(-)	-	可疑沙门氏菌
A	A	+(-)	+(-)	+	可疑沙门氏菌
A	A	+/-	+/-	-	可疑沙门氏菌
K	K	+/-	+/-	+/-	可疑沙门氏菌

注：K—产碱，A—产酸；+—阳性，-—阴性；+(-)—多数阳性，少数阴性；+/- —阳性或阴性。

② 接种三糖铁琼脂和赖氨酸脱羧酶试验培养基的同时，可直接接种蛋白胨水（做靛基质试验）、尿素琼脂（pH 7.2）、氰化钾（KCN）培养基，也可在初步判断结果后从营养琼脂平板上挑取可疑菌落接种。于 36℃±1℃培养 18~24h，必要时可延长至 48h，按表 7-3 判定结果。将已挑菌落的平板储存于 2~5℃或室温至少保留 24h，以备必要时复查。

表 7-3 沙门氏菌生化反应初步鉴别表(一)

反应序号	H$_2$S	靛基质	pH 7.2 尿素	KCN	赖氨酸脱羧酶
A1	+	−	−	−	+
A2	+	+	−	−	+
A3	−	−	−	−	+/−

注:+——阳性;−——阴性;+/−——阳性或阴性。

a. 反应序号 A1:典型反应判定为沙门氏菌。如尿素、KCN 和赖氨酸脱羧酶 3 项中有 1 项异常,按表 7-4 可判定为沙门氏菌。如有 2 项异常为非沙门氏菌。

表 7-4 沙门氏菌生化反应初步鉴别表(二)

pH 7.2 尿素	KCN	赖氨酸脱羧酶	判定结果
−	−	−	甲型副伤寒沙门氏菌(要求血清学鉴定结果)
−	+	+	沙门氏菌Ⅳ或Ⅴ(要求符合本群生化特性)
+	−	+	沙门氏菌个别变体(要求血清学鉴定结果)

注:+——阳性;−——阴性。

b. 反应序号 A2:补做甘露醇和山梨醇试验,沙门氏菌靛基质阳性变体两项试验结果均为阳性,但需要结合血清学鉴定结果进行判定。

c. 反应序号 A3:补做 ONPG(邻硝基酚-β-D-半乳糖苷)试验。ONPG 阴性为沙门氏菌,同时赖氨酸脱羧酶阳性,赖氨酸脱羧酶阴性为甲型副伤寒沙门氏菌。

③ 如选择生化鉴定试剂盒或全自动微生物生化鉴定系统,可根据表 7-2 的初步判断结果,从营养琼脂平板上挑取可疑菌落,用生理盐水制备成浊度适当的菌悬液,使用生化鉴定试剂盒或全自动微生物生化鉴定系统进行鉴定。

5. 结果与报告

综合以上生化试验的结果,报告 25g 样品中检出或未检出沙门氏菌。

任务拓展

1. 沙门氏菌的检验都包括哪些程序,分别使用哪些培养基?
2. 沙门氏菌生化鉴定试验包括哪些?

笔记

实训报告

操作记录

实训名称：
班级：　　　　　　　姓名：　　　　　　　学号：

培养基及试剂配制

时间	培养基（试剂）名称	成分质量/g	蒸馏水/L	pH值	分装体积/[mL/瓶（管）]	数量/瓶（管）	灭菌方式	灭菌温度/℃	灭菌时间/min	配制人

检验记录单

检测项目：　　　　　　　　　　　　　　检测依据：
样品名称：　　　　　　　　　　　　　　样品数量：
收样日期：　　　　　　　　　　　　　　检测日期：

操作步骤及反思：

结果记录报告

菌落形态特征描述	BS平板：								
	XLD平板：								
生理生化试验结果	H₂S	靛基质	尿素	KCN	赖氨酸脱羧酶	甘露醇	山梨醇	ONPG	
结果报告			产品限量要求			单项判定			

检测人：　　　　　　　　　　　　　　　复核人：

> 知识链接

一、沙门氏菌生物学特性

1. 形态

沙门氏菌为革兰氏阴性杆菌，长 1~3μm，宽 0.5~0.8μm，无芽孢，一般无荚膜。除雏沙门氏菌和鸡沙门氏菌无鞭毛不运动外，其余各菌均以周生鞭毛运动，且绝大多数具有 I 型菌毛。

2. 培养特性

需氧及兼性厌氧菌，在普通琼脂培养基上生长良好，培养 24h 后，形成中等大小、圆形、表面光滑、边缘整齐、无色半透明的菌落。在鉴别培养基（麦康凯、SS、伊红美蓝）上形成无色菌落，在三糖铁琼脂斜面上生长为红色，底部变黑并产气。

3. 生化特性

发酵葡萄糖、麦芽糖、甘露醇和山梨醇产气；不发酵乳糖、蔗糖和侧金盏花醇；不产吲哚，V-P 反应阴性；不水解尿素，对苯丙氨酸不脱氨。伤寒沙门氏菌、鸡伤寒沙门氏菌及一部分鸡白痢沙门氏菌发酵糖不产气，大多数鸡白痢沙门氏菌不发酵麦芽糖；除鸡白痢沙门氏菌、猪伤寒沙门氏菌、甲型副伤寒沙门氏菌、伤寒沙门氏菌和仙台沙门氏菌等外，均能利用枸橼酸盐。

二、沙门氏菌检验的意义

沙门氏菌是社区获得性、食源性、细菌性胃肠炎的首要病原菌，每年全球因食品中沙门菌污染引起的感染病例数以亿计，占食源性致病菌引起食物中毒总数的 56% 左右。沙门氏菌食物中毒的潜伏期最短 2h，长者可达 72h，主要有胃肠型、伤寒型和败血症型等。起病急，体温升高至 38~40℃，伴呕吐、腹痛、腹泻等症状。病情轻重不一，一般病程短，预后较好，但严重者也可引起死亡。

任务三 水产品中副溶血性弧菌检验

任务目标

学会对市售的水产品进行副溶血性弧菌检验,并完成检验报告。

任务实施

一、设备与材料准备

1. 设备

恒温培养箱(36℃±1℃)、冰箱(2~5℃)、恒温水浴箱(37~65℃)、天平(感量为0.1g)、均质器、超净工作台、高压蒸汽灭菌锅。

2. 材料

①无菌吸管:1mL(具0.01mL刻度)、10mL(具0.1mL刻度);或微量移液器及吸头。②无菌锥形瓶:容量250mL、500mL、1000mL。③无菌试管:18mm×180mm、15mm×100mm。④无菌培养皿:直径90mm。⑤无菌均质袋。⑥pH计或精密pH试纸。

3. 样品

水产品。

二、培养基与试剂配制

1. 配制3%氯化钠碱性蛋白胨水

称取40g 3%氯化钠碱性蛋白胨水成分溶于1000mL蒸馏水中,调节pH至8.5±0.2,121℃高压灭菌。

2. 配制硫代硫酸盐-柠檬酸盐-胆盐-蔗糖(TCBS)琼脂

称取89.1g硫代硫酸盐-柠檬酸盐-胆盐-蔗糖琼脂成分加入1000mL蒸馏水中,调节pH至8.6±0.2,加热煮沸至完全溶解。冷却至50℃左右倾注平板备用。

3. 配制3%氯化钠胰蛋白胨大豆琼脂

称取65g 3%氯化钠胰蛋白胨大豆琼脂成分溶于1000mL蒸馏水中,调节pH至7.3±0.2,121℃高压灭菌15min。

4. 配制3%氯化钠三糖铁琼脂

称取88.5g 3%氯化钠三糖铁琼脂成分溶于1000mL蒸馏水中,调节pH至7.4±0.2。分装到适当容量的试管中。121℃高压灭菌15min。制成高层斜面,斜面长4~5cm,高层深度为2~3cm。

5. 配制嗜盐性试验培养基

称取胰蛋白胨10g溶于1000mL蒸馏水中,调节pH至7.2±0.2,共配制5瓶,每瓶100mL。每瓶分别加入不同量(3g、6g、8g、10g)的氯化钠。分装试管,121℃高压灭菌15min。

6. 配制3%氯化钠甘露醇试验培养基

称取44g 3%氯化钠甘露醇试验培养基成分溶于1000mL蒸馏水中,调节pH至7.4±0.2,分装小试管,121℃高压灭菌10min。

7. 配制3%氯化钠MR-VP培养基

称取47g 3%氯化钠MR-VP培养基成分溶于1000mL蒸馏水中,调节pH至6.9±0.2,分装试管,121℃高压灭菌15min。

三、操作步骤

具体检验程序见图7-8。

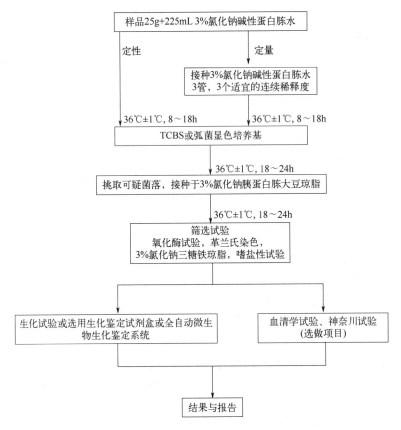

图7-8 副溶血性弧菌检验程序

1. 样品制备

① 非冷冻样品采集后应立即置7~10℃冰箱保存,尽可能及早检验;冷冻样品应在45℃以下不超过15min或在2~5℃不超过18h解冻。

② 鱼类和头足类动物取表面组织、肠或鳃;贝类取全部内容物,包括贝肉和体液;甲壳类取整个动物,或者动物的中心部分,包括肠和鳃。

③ 以无菌操作取样品25g,加入3%氯化钠碱性蛋白胨水225mL,用旋转刀片式均质器以8000r/min均质1min,或拍击式均质器拍击2min,制备成1:10的样品匀液。如无均质器,则将样品放入无菌乳钵,自225mL 3%氯化钠碱性蛋白胨水中取少量稀释液加入

无菌乳钵，样品磨碎后放入 500mL 无菌锥形瓶，再用少量稀释液冲洗乳钵中的残留样品 1~2 次，洗液放入锥形瓶，最后将剩余稀释液全部放入锥形瓶，充分振荡，制备 1:10 的样品匀液。

2. 增菌

（1）定性检测　将制备的 1:10 样品匀液于 36℃±1℃培养 8~18h。

（2）定量检测　用无菌吸管吸取 1:10 样品匀液 1mL，注入含有 9mL3%氯化钠碱性蛋白胨水的试管内，振摇试管混匀，制备 1:100 的样品匀液。另取 1mL 无菌吸管，按操作程序，依次制备 10 倍系列稀释样品匀液，每递增稀释一次，换用一支 1mL 无菌吸管。选择 3 个适宜的连续稀释度，每个稀释度接种 3 支含有 9mL 3%氯化钠碱性蛋白胨水的试管，每管接种 1mL。置 36℃±1℃恒温箱内，培养 8~18h。

3. 分离

对所有显示生长的增菌液，用接种环在距离液面以下 1cm 内蘸取一环增菌液，于 TCBS 平板或弧菌显色培养基平板上划线分离。一支试管划线一块平板。于 36℃±1℃培养 18~24h。

典型的副溶血性弧菌在 TCBS 上呈圆形、半透明、表面光滑的绿色菌落，用接种环轻触，有类似口香糖的质感，直径 2~3mm。从培养箱取出 TCBS 平板后，应尽快（不超过 1h）挑取菌落或标记要挑取的菌落。典型的副溶血性弧菌在弧菌显色培养基上的特征按照产品说明进行判定。

4. 纯培养

挑取 3 个或以上可疑菌落，划线接种 3%氯化钠胰蛋白胨大豆琼脂平板，36℃±1℃培养 18~24h。

5. 初步鉴定

① 氧化酶试验。挑选纯培养的单菌落进行氧化酶试验，副溶血性弧菌为氧化酶阳性。

② 涂片镜检。将可疑菌落涂片，进行革兰氏染色，镜检观察形态。副溶血性弧菌为革兰氏阴性，呈棒状、弧状、卵圆状等多形态，无芽孢，有鞭毛。

③ 挑取纯培养的单个可疑菌落，转种 3%氯化钠三糖铁琼脂斜面并穿刺底层，36℃±1℃培养 24h 观察结果。副溶血性弧菌在 3%氯化钠三糖铁琼脂中的反应为底层变黄不变黑，无气泡，斜面颜色不变或红色加深，有动力。

④ 嗜盐性试验。挑取纯培养的单个可疑菌落，分别接种 0%、6%、8%和 10%氯化钠浓度的胰蛋白胨水，36℃±1℃培养 24h，观察液体混浊情况。副溶血性弧菌在无氯化钠和 10%氯化钠的胰蛋白胨水中不生长或微弱生长，在 6%氯化钠和 8%氯化钠的胰蛋白胨水中生长旺盛。

6. 确定鉴定

取纯培养物分别接种含 3%氯化钠的甘露醇试验培养基、赖氨酸脱羧酶试验培养基、MR-VP 培养基，36℃±1℃培养 24~48h 后观察结果；3%氯化钠三糖铁琼脂隔夜培养物进行 ONPG 试验。可选择生化鉴定试剂盒或全自动微生物生化鉴定系统。

7. 结果与报告

根据检出的可疑菌落生化性状，报告 25g 样品中是否检出副溶血性弧菌。如果进行定量检测，根据证实为副溶血性弧菌阳性的试管管数，查最可能数（MPN）检索表（表 7-5），报告 1g 副溶血性弧菌的 MPN 值。

表 7-5　副溶血性弧菌最可能数（MPN）检索表

阳性管数			MPN	95%可信限		阳性管数			MPN	95%可信限	
0.10	0.01	0.001		下限	上限	0.10	0.01	0.001		下限	上限
0	0	0	<3.0	—	9.5	2	2	0	21	4.5	42
0	0	1	3.0	0.15	9.6	2	2	1	28	8.7	94
0	1	0	3.0	0.15	11	2	2	2	35	8.7	94
0	1	1	6.1	1.2	18	2	3	0	29	8.7	94
0	2	0	6.2	1.2	18	2	3	1	36	8.7	94
0	3	0	9.4	3.6	38	3	0	0	23	4.6	94
1	0	0	3.6	0.17	18	3	0	1	38	8.7	110
1	0	1	7.2	1.3	18	3	0	2	64	17	180
1	0	2	11	3.6	38	3	1	0	43	9	180
1	1	0	7.4	1.3	20	3	1	1	75	17	200
1	1	1	11	3.6	38	3	1	2	120	37	420
1	2	0	11	3.6	42	3	1	3	160	40	420
1	2	1	15	4.5	42	3	2	0	93	18	420
1	3	0	16	4.5	42	3	2	1	150	37	420
2	0	0	9.2	1.4	38	3	2	2	210	40	430
2	0	1	14	3.6	42	3	2	3	290	90	1000
2	0	2	20	4.5	42	3	3	0	240	42	1000
2	1	0	15	3.7	42	3	3	1	460	90	2000
2	1	1	20	4.5	42	3	3	2	1100	180	4100
2	1	2	27	8.7	94	3	3	3	>1100	420	—

注：1. 本表采用 3 个稀释度 [0.1g（mL）、0.01g（mL）和 0.001g（mL）]，每个稀释度接种 3 管。
2. 表内所列检样量如改用 1g（mL）、0.1g（mL）和 0.01g（mL）时，表内数据应相应缩小为原来的 1/10；如改用 0.01g（mL）、0.001g（mL）、0.0001g（mL）时，则表内数据应相应增大 10 倍，其余类推。

 任务拓展

1. 副溶血性弧菌有哪些生物学特性？
2. 简述副溶血性弧菌在 TCBS 平板上的典型菌落特点。
3. 副溶血性弧菌的初步鉴定方法包括哪些？如何判定？

笔记

实训报告

<table>
<tr><td colspan="11" align="center">操作记录</td></tr>
<tr><td colspan="11">实训名称：
班级：　　　　　　姓名：　　　　　　　　学号：</td></tr>
<tr><td colspan="11" align="center">培养基及试剂配制</td></tr>
<tr><td>时间</td><td>培养基（试剂）名称</td><td>成分质量/g</td><td>蒸馏水/L</td><td>pH 值</td><td>分装体积/[mL/瓶（管）]</td><td>数量/瓶（管）</td><td>灭菌方式</td><td>灭菌温度/℃</td><td>灭菌时间/min</td><td>配制人</td></tr>
<tr><td></td><td></td><td></td><td></td><td></td><td></td><td></td><td></td><td></td><td></td><td></td></tr>
<tr><td></td><td></td><td></td><td></td><td></td><td></td><td></td><td></td><td></td><td></td><td></td></tr>
<tr><td></td><td></td><td></td><td></td><td></td><td></td><td></td><td></td><td></td><td></td><td></td></tr>
<tr><td></td><td></td><td></td><td></td><td></td><td></td><td></td><td></td><td></td><td></td><td></td></tr>
<tr><td></td><td></td><td></td><td></td><td></td><td></td><td></td><td></td><td></td><td></td><td></td></tr>
<tr><td colspan="11" align="center">检验记录单</td></tr>
<tr><td colspan="11">检测项目：　　　　　　　　　　　　检测依据：
样品名称：　　　　　　　　　　　　样品数量：
收样日期：　　　　　　　　　　　　检测日期：</td></tr>
<tr><td colspan="11">操作步骤及反思：

</td></tr>
<tr><td colspan="11" align="center">结果记录报告</td></tr>
<tr><td rowspan="3">初步鉴定</td><td colspan="2">氧化酶实验</td><td colspan="8"></td></tr>
<tr><td colspan="2">涂片镜检</td><td colspan="8"></td></tr>
<tr><td colspan="2">3%氯化钠三糖铁</td><td colspan="8"></td></tr>
<tr><td rowspan="3">生化试验</td><td colspan="2">嗜盐性试验</td><td colspan="8"></td></tr>
<tr><td colspan="2">3%氯化钠甘露醇</td><td colspan="8"></td></tr>
<tr><td colspan="2">赖氨酸脱羧酶</td><td colspan="8"></td></tr>
<tr><td rowspan="2">确证试验</td><td colspan="2">MR-VP 培养基</td><td colspan="8"></td></tr>
<tr><td colspan="2">API20E 试剂盒</td><td colspan="8"></td></tr>
<tr><td colspan="3">结果报告</td><td colspan="4">产品限量要求</td><td colspan="4">单项判定</td></tr>
<tr><td colspan="11">检测人：　　　　　　　　　　　　复核人：</td></tr>
</table>

知识链接

一、副溶血性弧菌生物学特征

副溶血性弧菌是革兰染色阴性兼性厌氧菌，随培养基不同菌体形态差异较大，有卵圆形、棒形、球杆状、梨状、弧形等多种形态。菌体一端有鞭毛，无芽孢，无荚膜。副溶血性弧菌嗜盐微畏酸，在无盐培养基上不能生长，在 3%～6%盐水中迅速繁殖，在低于 0.5%或高于 8%盐水中停止生长。副溶血性弧菌对营养要求不高，不耐热、不耐冷、不耐酸，对常用的消毒剂抵抗力较弱。生长所需 pH 为 7.0～9.5，最适 pH 为 7.7。

二、检验的意义

副溶血性弧菌是一种嗜盐性细菌，主要存在于温带地区的海水、海水沉积物和鱼虾、贝类等海产品中，是沿海国家和地区食物中毒的主要致病菌，主要污染水产制品或交叉污染肉制品等，可能导致急性胃肠炎、反应性关节炎等，有时甚至引起原发性败血症。由副溶血性弧菌引起的食物中毒一般表现为急发病，潜伏期 2～24h，一般 6～10h 发病。主要的症状为腹痛，在脐部附近剧烈。该菌的致病性和带菌量与携带致病基因密切相关。2015 年国家卫生和计划生育委员会通报的全国食物中毒事件中，微生物性食物中毒人数最多，占总中毒人数的 43%，副溶血性弧菌是首要的致病因子。

三、限量标准与检验方法

《食品安全国家标准　预包装食品中致病菌限量》（GB 29921—2021）中规定了副溶血性弧菌的限量标准，规定水产制品（包括熟制水产品、即食自制水产品、即食藻类制品）和水产调味品中，$n=5$，$c=1$，$m=100$MPN/g，$M=1000$MPN/g。目前我国食品中副溶血性弧菌的检验依据《食品安全国家标准　食品微生物学检验　副溶血性弧菌检验》（GB 4789.7—2013）中的方法进行，本方法对食品中可能存在的副溶血性弧菌通过增菌、分离培养、生化鉴定、血清分型等过程进行定性和定量检验。

项目八
食品安全真菌性检验技术

项目导入

霉菌和酵母菌也是造成食品腐败变质的主要原因,往往使食品表面失去色、香、味,使食品发生难闻的气味。由于它们生长缓慢,竞争能力不强,常在不适于细菌生长的食品中出现。霉菌的生长能转化某些不利于细菌生长的物质,而促进致病细菌的生长;有些霉菌能够合成有毒代谢产勒霉菌毒素,例如黄曲霉和寄生曲霉可以产生黄曲霉毒素,毒性极强,有一定致癌性。因此霉菌和酵母菌也作为评价食品安全质量的指示菌,并以霉菌和酵母菌的计数来表示食品被污染的程度。目前,我国已制订了一些食品中霉菌和酵母菌的限量标准。

学习目标

素质目标　树立正确的劳动观,具备细致、严谨、求是的工匠精神和社会责任感。

知识目标　了解食品霉菌和酵母计数以及产毒霉菌鉴定的意义;熟悉酵母计数以及产毒霉菌鉴定的方法;掌握酵母计数以及产毒霉菌鉴定的报告及评价方式。

能力目标　学会解读食品霉菌和酵母计数的方法标准;能按照检验方法对食品霉菌和酵母计数以及产毒霉菌进行检验;能对检验结果进行计算及报告。

任务一　糕点中霉菌和酵母计数

任务目标

对市售的包装蛋糕进行霉菌和酵母平板计数，并完成检验报告。

任务实施

一、设备与材料准备

1. 设备

恒温培养箱（28℃±1℃）、冰箱（2～5℃）、恒温水浴箱（46℃±1℃）、天平（感量为0.1g）、均质器、超净工作台、高压蒸汽灭菌锅、振荡器。

2. 材料

①无菌吸管：1mL（具0.01mL刻度）、10mL（具0.1mL刻度）；或微量移液器及吸头。②无菌锥形瓶：容量250mL、500mL。③无菌试管：18mm×180mm。④无菌均质袋。⑤pH计或精密pH试纸。

3. 样品

包装蛋糕。

二、培养基与试剂配制

1. 配制无菌生理盐水

称取8.5g氯化钠溶于1000mL蒸馏水中，121℃高压灭菌15min。

2. 配制磷酸盐缓冲液

（1）配制贮存液　称取34.0g的磷酸二氢钾溶于500mL蒸馏水中，用大约175mL的1mol/L氢氧化钠溶液调节pH至7.2，用蒸馏水稀释至1000mL后贮存于冰箱备用。

（2）配制稀释液　取贮存液1.25mL，用蒸馏水稀释至1000mL，分装，121℃高压灭菌15min。

3. 配制马铃薯葡萄糖琼脂培养基

称取46g马铃薯葡萄糖琼脂培养基成分溶解于1L蒸馏水中，调节pH至5.8±0.2。121℃高压灭菌20min。

4. 配制孟加拉红琼脂培养基

称取41.5g孟加拉红琼脂培养基成分溶解于1L蒸馏水中。121℃高压灭菌20min。

三、操作步骤

具体检验程序见图8-1。

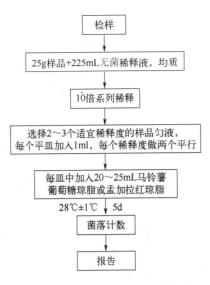

图 8-1 霉菌和酵母计数检验程序

1. 样品的稀释

① 样品处理：将带包装蛋糕，用灭菌镊子夹下其包装纸，采取外部及中心部位；如为带馅糕点，取外皮及内馅 25g，加入 225mL 无菌稀释液（蒸馏水或生理盐水或磷酸盐缓冲液），充分振摇，或用拍击式均质器拍打 1~2min，制成 1∶10 的样品匀液。

② 取 1mL 1∶10 稀释液注入含有 9mL 无菌稀释液的试管中，另换一支 1mL 无菌吸管反复吹吸，此液为 1∶100 稀释液。

③ 按如上操作程序，制备 10 倍系列稀释样品匀液。每递增稀释一次，换用 1 支 1mL 无菌吸管或吸头。

④ 根据对样品污染情况的估计，选择 2~3 个适宜稀释度的样品匀液（液体样品可包括原液），在进行 10 倍递增稀释的同时，每个稀释度分别吸取 1mL 样品匀液于 2 个无菌平皿内。同时分别取 1mL 样品稀释液加入 2 个无菌平皿作空白对照。

⑤ 及时将 20~25mL 冷却至 46℃的马铃薯葡萄糖琼脂或孟加拉红琼脂培养基（可放置于 46℃±1℃恒温水浴箱中保温）倾注平皿（见图 8-2），并转动平皿使其混合均匀。

图 8-2 倒平板示意图

注意：混合过程中应小心，不要使混合物溅到皿边的上方。

2. 培养

待琼脂凝固后，正置平板，28℃±1℃培养5d，观察并记录。

3. 菌落计数

肉眼观察，必要时可用放大镜，记录稀释倍数和相应的霉菌和酵母数。以菌落形成单位表示。

选取菌落数在10～150CFU的平板，根据菌落形态分别计数霉菌和酵母。霉菌蔓延生长覆盖整个平板的可记录为"多不可计"。菌落数应采用两个平板的平均数。

4. 结果判定

① 若有一个稀释度平板上的菌落数在适宜范围内，则计算两个平板菌落数的平均值，再将平均值乘以相应稀释倍数计算。

② 若有两个稀释度平板上菌落数均在10～150CFU之间，则按照食品中菌落总数测定的相应公式进行计算。

③ 若所有平板上菌落数均大于150CFU，则对稀释度最高的平板进行计数，其他平板可记录为"多不可计"，结果按平均菌落数乘以最高稀释倍数计算。

④ 若所有平板上菌落数均小于10CFU，则应按稀释度最低的平均菌落数乘以稀释倍数计算。

⑤ 若所有稀释度（包括液体样品原液）平板均无菌落生长，则以"小于1"乘以最低稀释倍数计算。

⑥ 若所有稀释度的平板菌落数均不在10～150CFU之间，其中一部分小于10CFU或大于150CFU时，则以最接近10CFU或150CFU的平均菌落数乘以稀释倍数计算。

5. 报告

以CFU/g为单位报告或分别报告霉菌和/或酵母数。

 任务拓展

1. 霉菌菌落计数时应注意哪些问题？
2. 霉菌、酵母计数与菌落总数测定有什么相同和不同之处？
3. 说明马铃薯葡萄糖琼脂培养基和孟加拉红琼脂培养基中添加氯霉素的作用。

笔记

实训报告

<table>
<tr><td colspan="11" align="center">操作记录</td></tr>
<tr><td colspan="11">实训名称：
班级：　　　　　　姓名：　　　　　　学号：</td></tr>
<tr><td colspan="11" align="center">培养基及试剂配制</td></tr>
<tr><td>时间</td><td>培养基（试剂）名称</td><td>成分质量/g</td><td>蒸馏水/L</td><td>pH 值</td><td>分装体积/[mL/瓶（管）]</td><td>数量/瓶（管）</td><td>灭菌方式</td><td>灭菌温度/℃</td><td>灭菌时间/min</td><td>配制人</td></tr>
<tr><td></td><td></td><td></td><td></td><td></td><td></td><td></td><td></td><td></td><td></td><td></td></tr>
<tr><td></td><td></td><td></td><td></td><td></td><td></td><td></td><td></td><td></td><td></td><td></td></tr>
<tr><td></td><td></td><td></td><td></td><td></td><td></td><td></td><td></td><td></td><td></td><td></td></tr>
<tr><td></td><td></td><td></td><td></td><td></td><td></td><td></td><td></td><td></td><td></td><td></td></tr>
<tr><td colspan="11" align="center">检验记录单</td></tr>
<tr><td colspan="11">检测项目：　　　　　　　　　　　　　　　检测依据：
样品名称：　　　　　　　　　　　　　　　样品数量：
收样日期：　　　　　　　　　　　　　　　检测日期：</td></tr>
<tr><td colspan="11">操作步骤及反思：

</td></tr>
<tr><td colspan="11" align="center">结果记录报告　　　　　　　　　　　　　　　　　　　　　空白对照：</td></tr>
</table>

各稀释度菌落数			结果报告	产品限量要求	单项判定

计算过程：

检测人：　　　　　　　　　　　　　　复核人：

任务二　大米中产毒霉菌黄曲霉的形态学鉴定

任务目标

学会对大米中产毒霉菌黄曲霉进行形态学鉴定，并完成检验报告。

任务实施

一、设备与材料准备

1. 设备

冰箱（0~4℃）、恒温培养箱（25~28℃）、显微镜（10×~100×）、目镜测微计、物镜测微计。

2. 材料

放大镜、滴瓶、接种针、分离针、载玻片、盖玻片（18mm×18mm）、灭菌刀。

二、培养基与试剂配制

1. 配制乳酸-苯酚液

称取10g苯酚置水浴中至结晶液化后加入10g乳酸、20g甘油和10mL蒸馏水。

2. 配制察氏培养基

称取50g察氏培养基成分溶解于1000mL蒸馏水中，分装后121℃高压灭菌20min。

三、操作步骤

具体检验程序见图8-3。

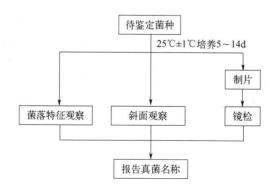

图8-3　产毒霉菌黄曲霉的形态学鉴定

1. 菌落的观察

将平板倒转，向上接种一点或三点，每菌接种两个平板，正置于25℃±1℃恒温箱中进行培养。当刚长出小菌落时，取出一个平皿，以无菌操作，用小刀将菌落连同培养基切下

1cm×2cm 的小块，置菌落一侧，继续培养，于 5～14d 后进行观察。

2. 斜面观察

将黄曲霉菌纯培养物划线接种于斜面，培养 5～14d，观察菌落形态，同时还可以将菌种管置显微镜下用低倍镜直接观察孢子的形态和排列。

3. 制片

取载玻片加乳酸-苯酚液一滴，用接种针取一小块霉菌培养物，置乳酸-苯酚液中，用两支分离针将培养物撕开成小块，切忌涂抹，以免破坏霉菌结构；然后加盖玻片，如有气泡，可在酒精灯上加热排除。制片时最好是在接种罩内操作，以防孢子飞扬。

4. 镜检

观察黄曲霉菌丝和孢子的形态和特征、孢子的排列等，并做详细记录。

菌落在察氏琼脂上生长迅速，25℃ 7d 直径 35～40mm（70mm），12～14d 达 55～70mm；质地主要为致密丝绒状，有时稍现絮状或中央部分呈絮状，平坦或现辐射状具不规则的沟纹；分生孢子结构多，颜色为黄绿至草绿色，初期较淡，老后稍深，大多近于浅水芹绿色，也有呈木犀绿色、暗草绿色或翡翠绿色者，有的菌株初期现黄色，近于锶黄，而后变绿；一般无渗出液；有的菌株形成少量或大量菌核，大量时，影响菌落外观，伴随有渗出液，无色至淡褐色，菌落反面无色至淡褐色，产生菌核的菌株，在形成菌核处的反面显现黑褐色斑点。分生孢子头初为球形，后呈辐射形，80～800μm，或裂成几个疏松的柱状体，也有少数呈短柱状者；分生孢子梗大多生自基质，孢梗茎（200～3000μm）×（4～20μm），壁厚，无色，粗糙至很粗糙；顶囊近球形至烧瓶形，直径 9～65μm，大部表面可育，小者仅上部可育；产孢结构双层：梗基（6.2～19μm）×3.2μm×6μm，瓶梗（6.2～12μm）×（2.4～4μm），有的小顶囊只生瓶梗；分生孢子多为球形或近球形，2.4～6.4μm，少数呈椭圆形，（3.2～5.2μm）×（2.7～4.2μm），壁稍粗糙至具小刺，见图 8-4。

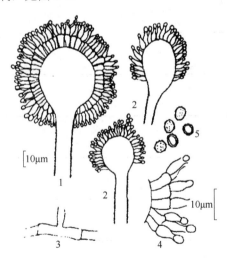

图 8-4 黄曲霉的产孢结构与分生孢子

1—双层小梗的分生孢子头；2—单层小梗的分生孢子头；3—分生孢子梗的基部；

4—双层小梗的细微结构；5—分生孢子

黄曲霉的某些菌株可产生黄曲霉毒素，该毒素能引起动物急性中毒死亡，如长期食用含微量黄曲霉毒素的食物，能引发肝癌等疾病。

5. 结果与报告

根据菌落形态及镜检结果，参照黄曲霉的形态描述，报告鉴定结果。

 任务拓展

1. 食品中常见产毒霉菌有哪些？
2. 产毒霉菌检验有何意义？

笔记

实训报告

操作记录
实训名称： 班级：　　　　　　　姓名：　　　　　　　学号：
描述黄曲霉菌落形态特征：
绘制黄曲霉菌丝形态、孢子的形态和排列：
结果判定：
检测人：　　　　　　　　　　　　复核人：

参考文献

[1] 陈江萍. 食品微生物检测实训教程 [M]. 杭州：浙江大学出版社，2012.

[2] 范建奇. 食品微生物基础与实验技术 [M]. 北京：中国质检出版社，2012.

[3] 李凤梅. 食品微生物检验 [M]. 北京：化学工业出版社，2015.

[4] 唐劲松，徐安书. 食品微生物检测技术 [M]. 北京：中国轻工业出版社，2016.

[5] 刘素纯. 食品微生物检验 [M]. 北京：科学出版社，2013.

[6] 王晓峨，李燕. 食品微生物检验 [M]. 北京：中国农业出版社，2017.

[7] 朱乐敏. 食品微生物学 [M]. 北京：化学工业出版社，2010.

[8] 宁喜斌. 食品微生物检验学 [M]. 北京：化学工业出版社，2022.

[9] 严晓玲. 食品微生物检测技术 [M]. 北京：中国轻工业出版社，2017.

[10] 王琪，张小华. 微生物学 [M]. 北京：中国农业出版社，2017.

[11] GB 4789.1—2022 食品安全国家标准 食品微生物学检验 总则 [S].

[12] GB 4789.1—2016 食品安全国家标准 食品微生物学检验 菌落总数测定 [S].

[13] GB 4789.3—2016 食品安全国家标准 食品微生物学检验 大肠菌群计数 [S].

[14] GB 4789.15—2016 食品安全国家标准 食品微生物学检验 霉菌和酵母计数 [S].

[15] GB 4789.26—2023 食品安全国家标准 食品微生物学检验 商业无菌检验 [S].

[16] GB 4789.35—2023 食品安全国家标准 食品微生物学检验 乳酸菌检验 [S].

[17] GB 4789.10—2016 食品安全国家标准 食品微生物学检验 金黄色葡萄球菌检验 [S].

[18] GB 4789.4—2016 食品安全国家标准 食品微生物学检验 沙门氏菌检验 [S].

[19] GB4789.7—2013 食品安全国家标准 食品微生物学检验 副溶血性弧菌检验 [S].

[20] GB 15979—2002 一次性使用卫生用品卫生标准 [S].

[21] GB/T 27405—2008 实验室质量控制规范 食品微生物检测 [S].